高等职业教育“十二五”规划教材

中国高等职业技术教育研究会推荐

机械制图习题集

袁秋岐　李春玲　主编

国防工業出版社

·北京·

图书在版编目(CIP)数据

机械制图习题集/袁秋岐,李春玲主编.—北京:国防工业出版社,2013.8 重印
高等职业教育"十二五"规划教材
ISBN 978-7-118-06411-7

Ⅰ.机… Ⅱ.①袁…②李… Ⅲ.机械制图-高等学校-习题 Ⅳ.TH126-44

中国版本图书馆 CIP 数据核字(2009)第 134909 号

※

国防工业出版社出版发行
(北京市海淀区紫竹院南路 23 号 邮政编码 100048)
天利华印刷装订有限公司印刷
新华书店经售

*

开本 787×1092 1/16 印张 5¾ 字数 142 千字
2013 年 8 月第 1 版第 3 次印刷 印数 6501—9500 册 定价 15.00 元

国防书店:(010)88540777 发行邮购:(010)88540776
发行传真:(010)88540755 发行业务:(010)88540717

内容简介

本书与党杰、张超主编的《机械制图》(国防工业出版社出版)配套使用。本书采用最新的制图标准,内容包括:制图的基本知识和技能、几何元素的投影、立体的投影、组合体的视图及尺寸标注、机件常用的表达方法、标准件和常用件、零件图、装配图、零部件的测绘、AutoCAD 实操等。各章侧重对学生空间想象能力和读图能力的培养,题型编排上采用由浅入深、由点到面的思路,所有习题都是老师多年教学经验的积累。本书理论与实践紧密结合,将专业知识和操作技能有机地融为一体,形成鲜明的特色。

本书可作为高职院校机械类和近机械类各专业机械制图课程的教材,也可以作为继续教育同类专业的教材,还可供有关工程技术人员参考。

《机械制图习题集》编委会

主　编　袁秋岐　李春玲

副主编　程联社　唐少琴　张　琳

编　委　袁秋岐　李春玲　程联社
　　　　唐少琴　张　琳　党　杰

主　审　白冰如

前　言

本书与党杰、张超主编的《机械制图》(国防工业出版社出版)配套使用,以“必须、够用”为度,并汲取了多所院校多年积累的教学经验编写而成。

本书的主要特点是:

1. 采用了最新的制图国家标准;

2. 习题编排遵循认知规律,由浅入深、由点到面,注重发挥学生的空间想象能力,引导学生进行思考;

3. 突出读图能力的培养。教材中加大了组合体章节的教学力度,精选例题,并侧重对解题方法作深刻分析,使学生读图能力得到强化;

4. 习题集内容丰富,凡是重点内容都有习题,题型多,难易适中。

参加本书编写的有:袁秋岐(第6章)、李春玲(第2、8章)、党杰(第5、7章)、唐少琴(第9章)、张琳(第3章),程联社(第1、4章)。袁秋岐、李春玲任主编,程联社、唐少琴、张琳任副主编,白冰如任主审。

本书在编写过程中得到了西安航空职业技术学院、杨凌职业技术学院、陕西航天职工大学的大力支持与帮助,在此表示衷心感谢!同时,对参加本书绘图工作及一些关心、帮助和支持本书编写的领导和专家表示衷心感谢!

由于编写时间仓促和水平所限,书中难免存在疏漏和不当之处,恳请有关专家和使用本书的师生批评指正。

编者

目　录

第 1 章　制图的基本知识和技能

1.1　制图标准的一般规定　　字体练习

字 体 工 整 笔 画 清 楚 间 隔 均 匀 排 列 整 齐

A B C D E F G H I J K L M N O P Q R S

T U V W X Y Z H A B C D E F G H I J K

班级　　学号　　姓名

1.1 制图标准的一般规定　　字体练习

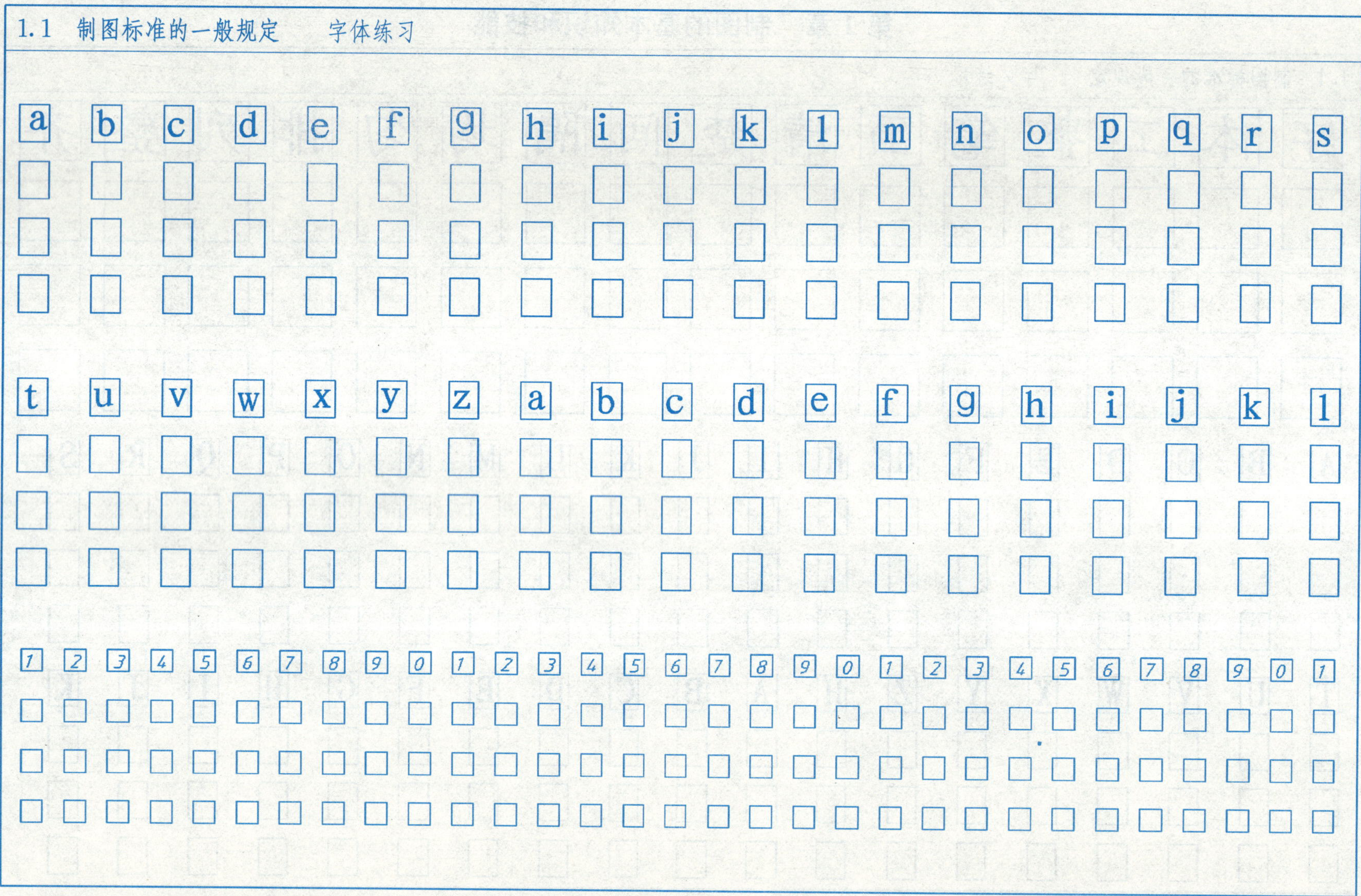

　　班级　　学号　　姓名

1.1 制图标准的一般规定

标注下图中的线性尺寸和角度，尺寸数字直接在图中量取

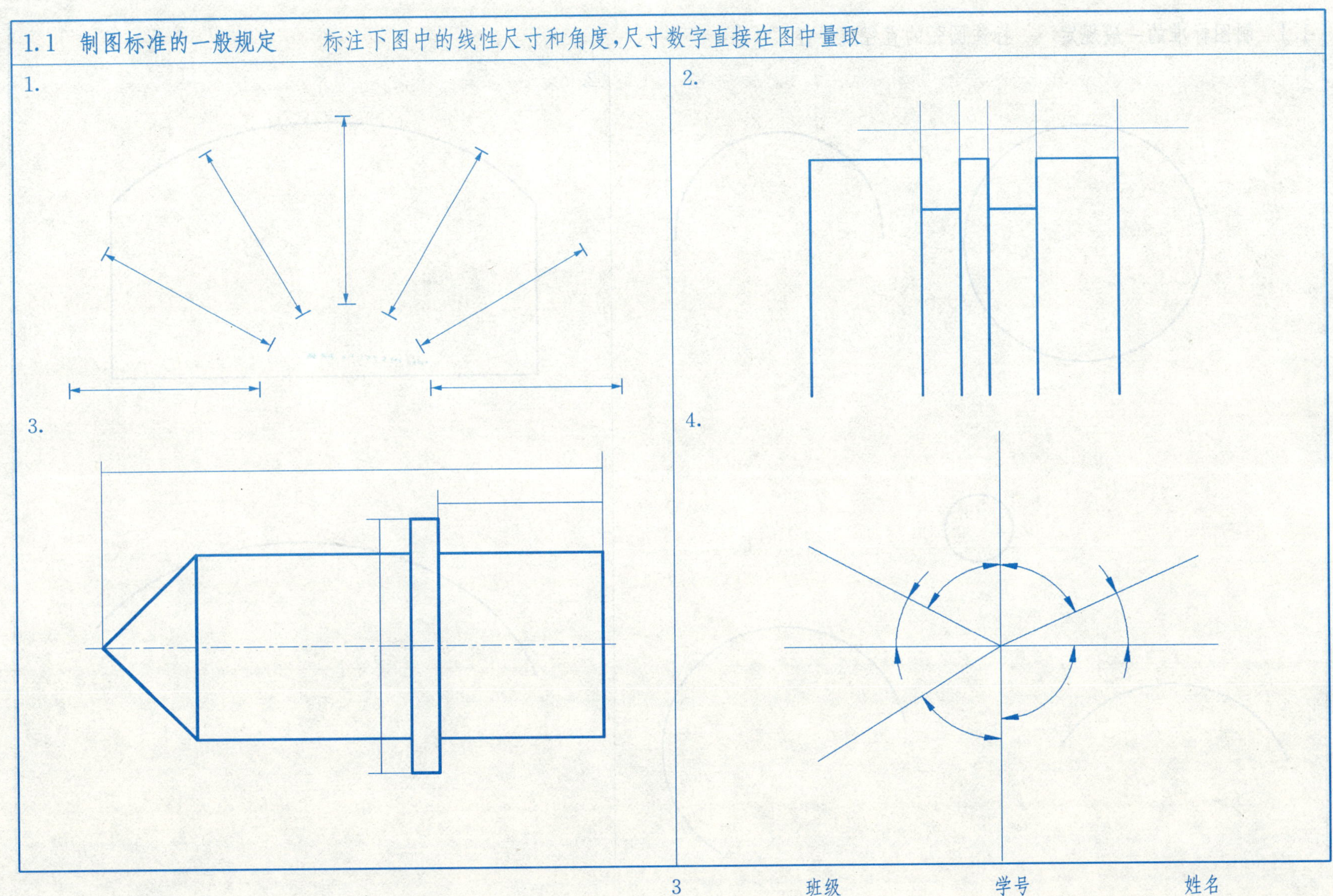

 班级 学号 姓名

1.1　制图标准的一般规定　　标注圆弧的直径或半径

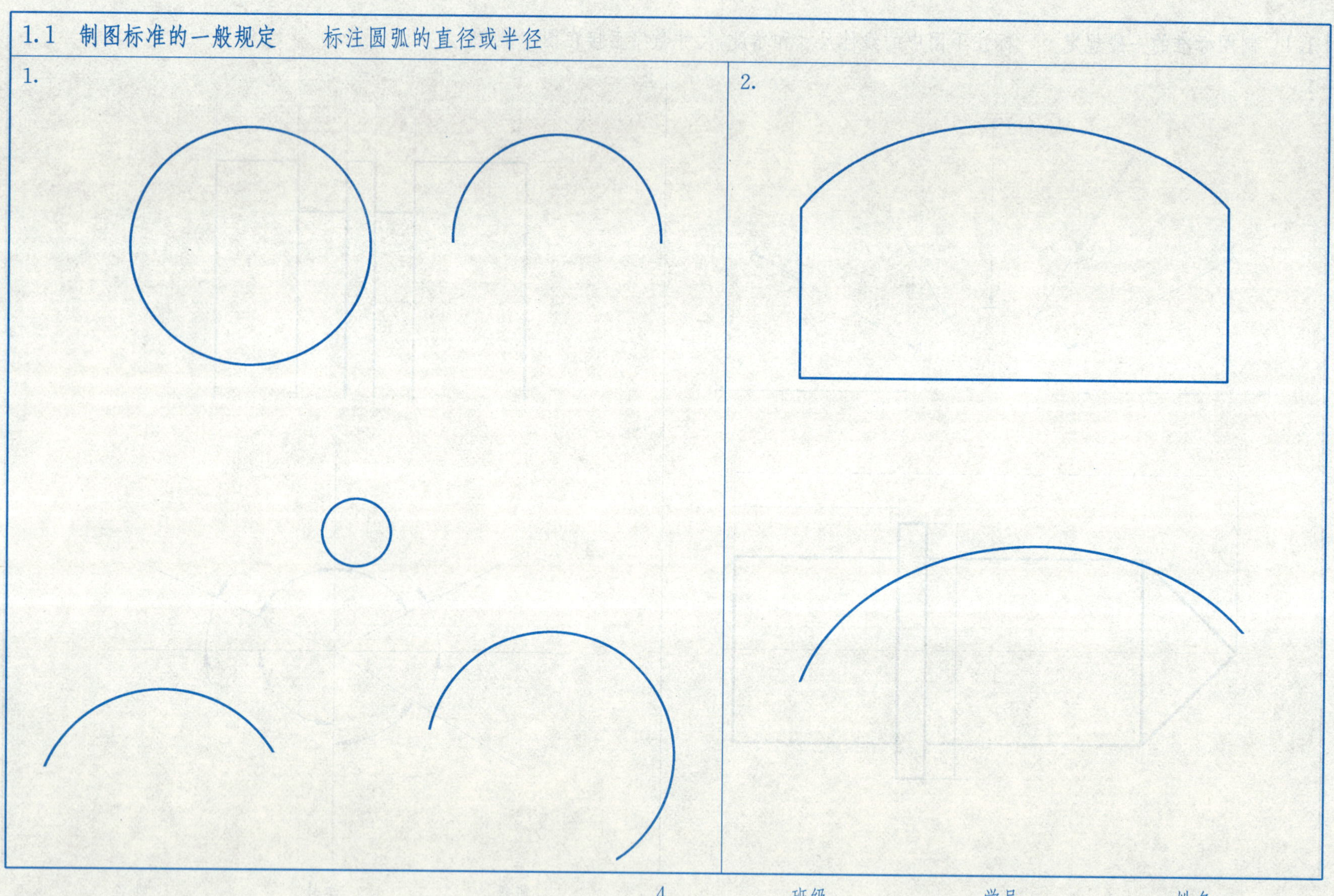

　班级　　学号　　姓名

1.1 制图标准的一般规定　　找出图中标注的错误之处，并在下方图中相应位置作正确标注

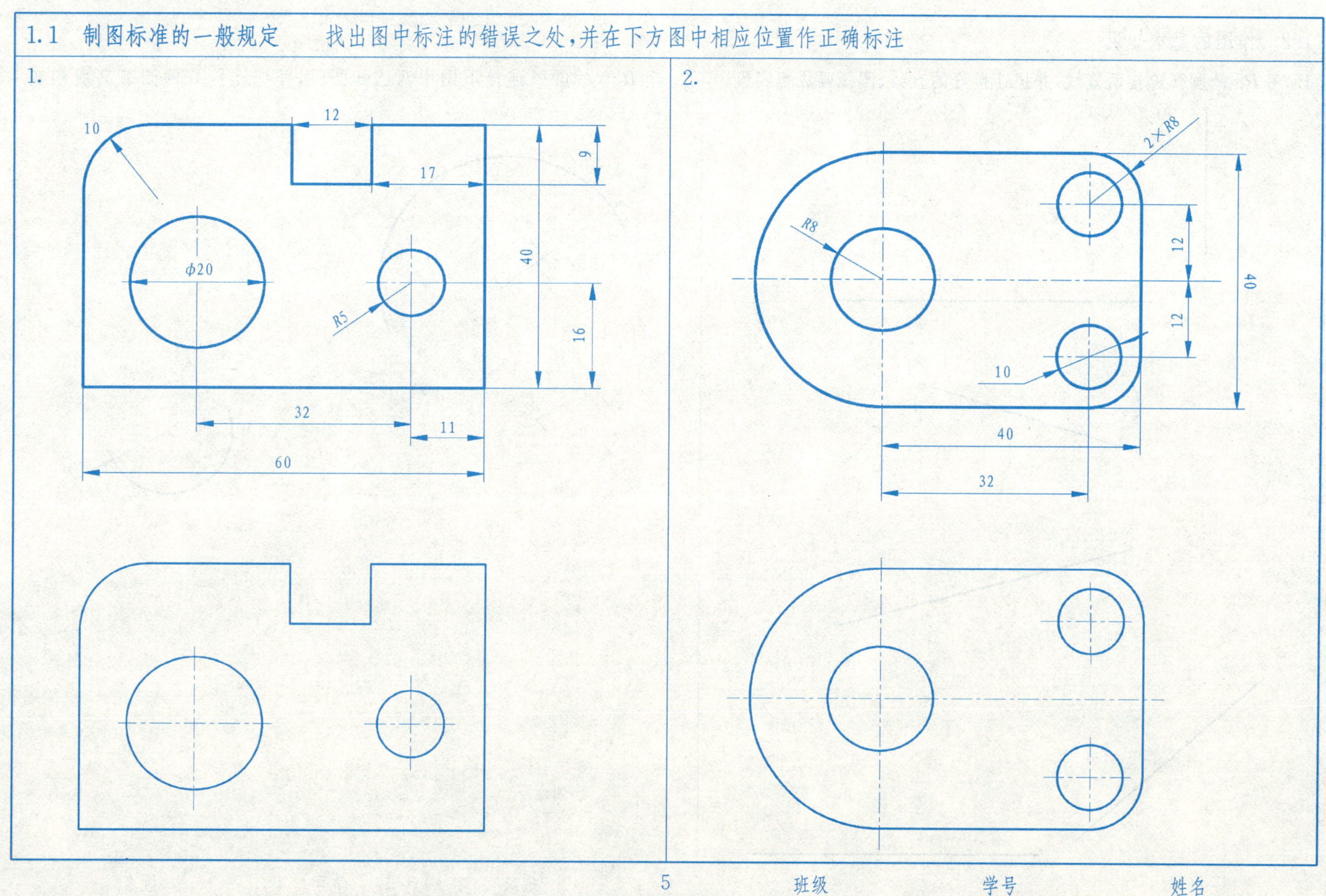

　　班级　　学号　　姓名

1.2 作图的基本知识

1. 用 $R8$ 的圆弧连接两直线，并把连接好的直线、圆弧画成粗实线。

2. 用 $R30$ 的圆弧连接下图中两已知圆弧，并把连接好的圆弧画成粗实线。

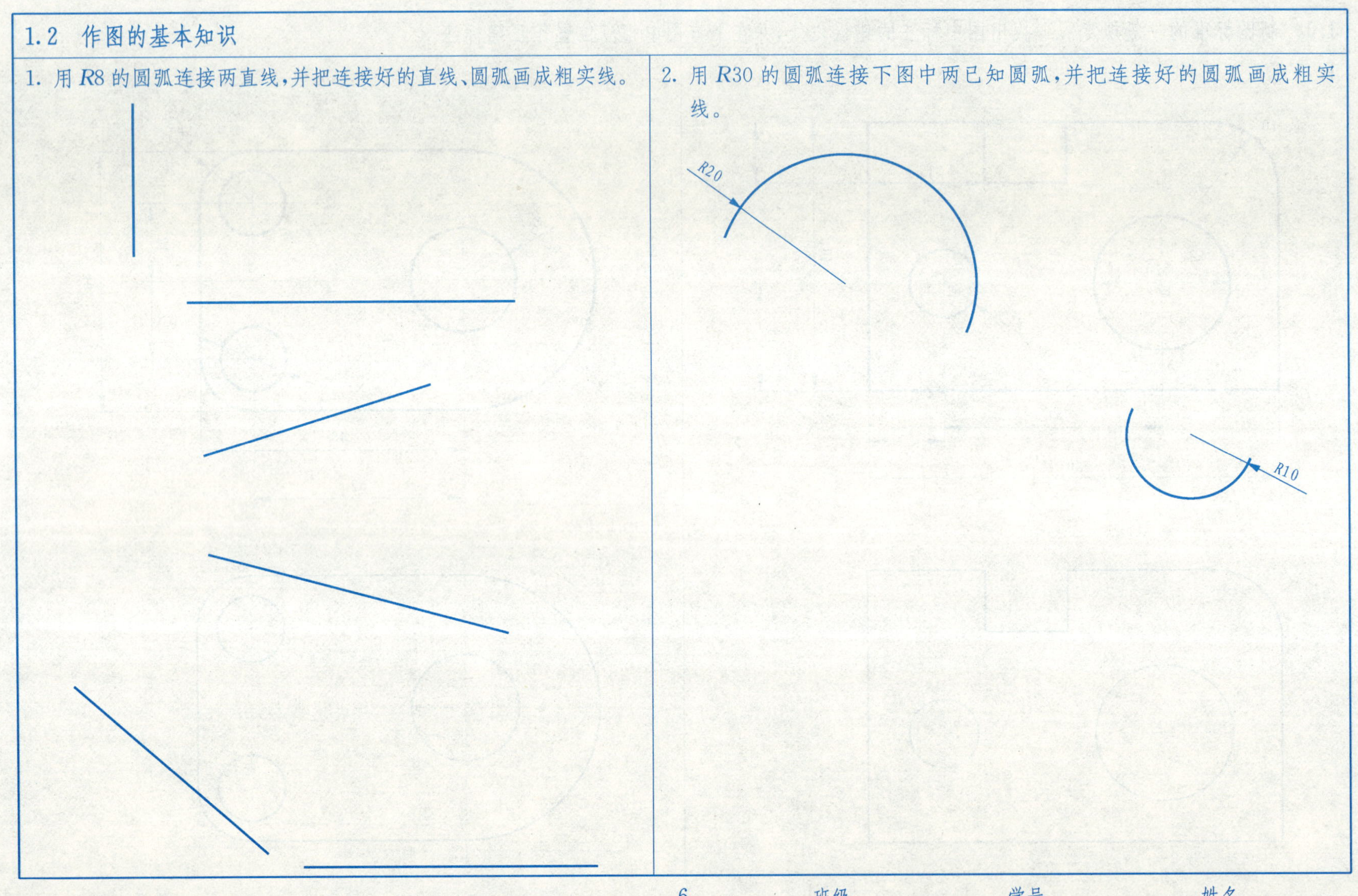

1.2 作图的基本知识　　在指定位置根据所给尺寸，以 1∶1 比例绘制图形，并为其标注尺寸

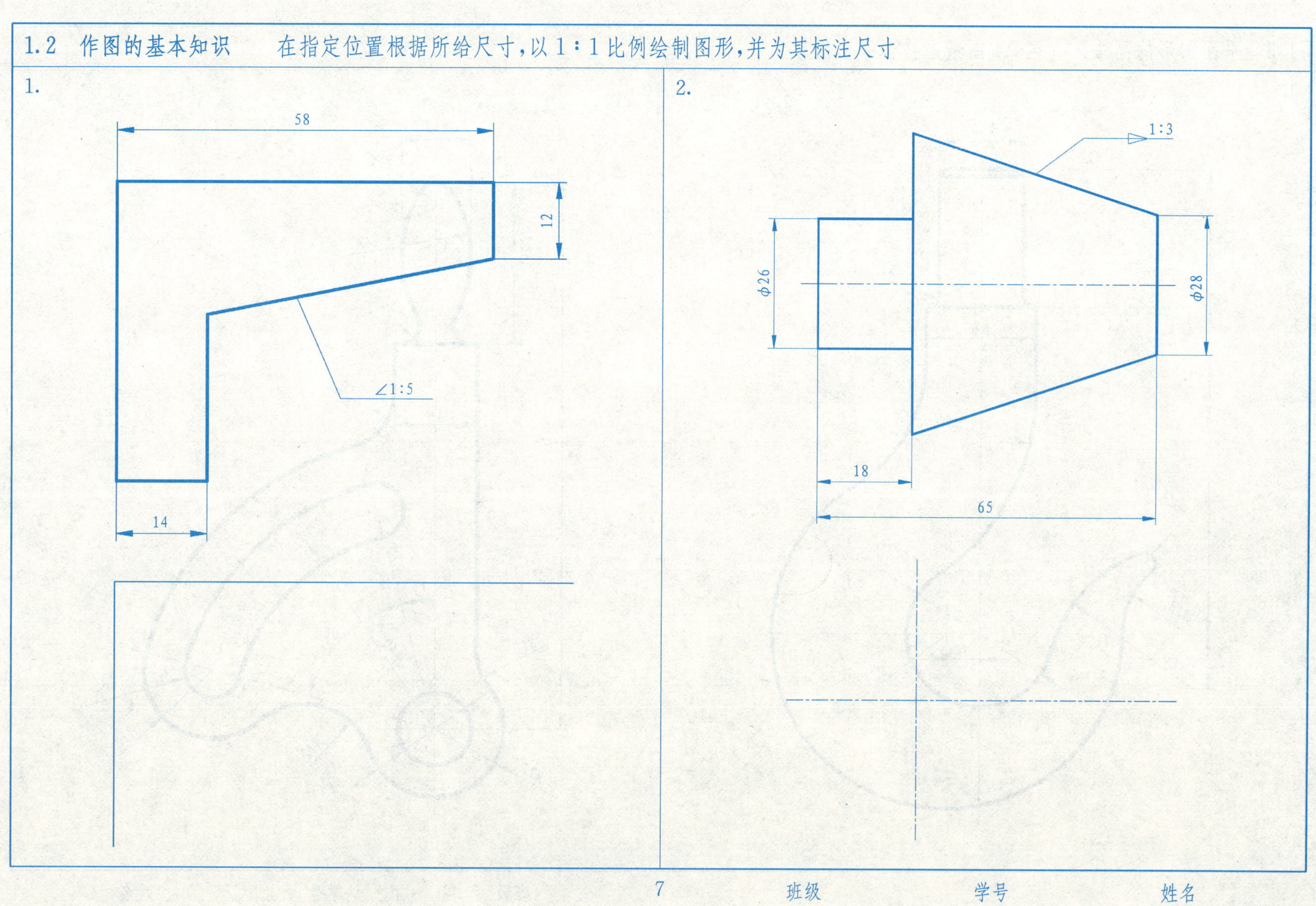

1.3 平面图形的画法　　在 A4 图纸上抄画平面图形

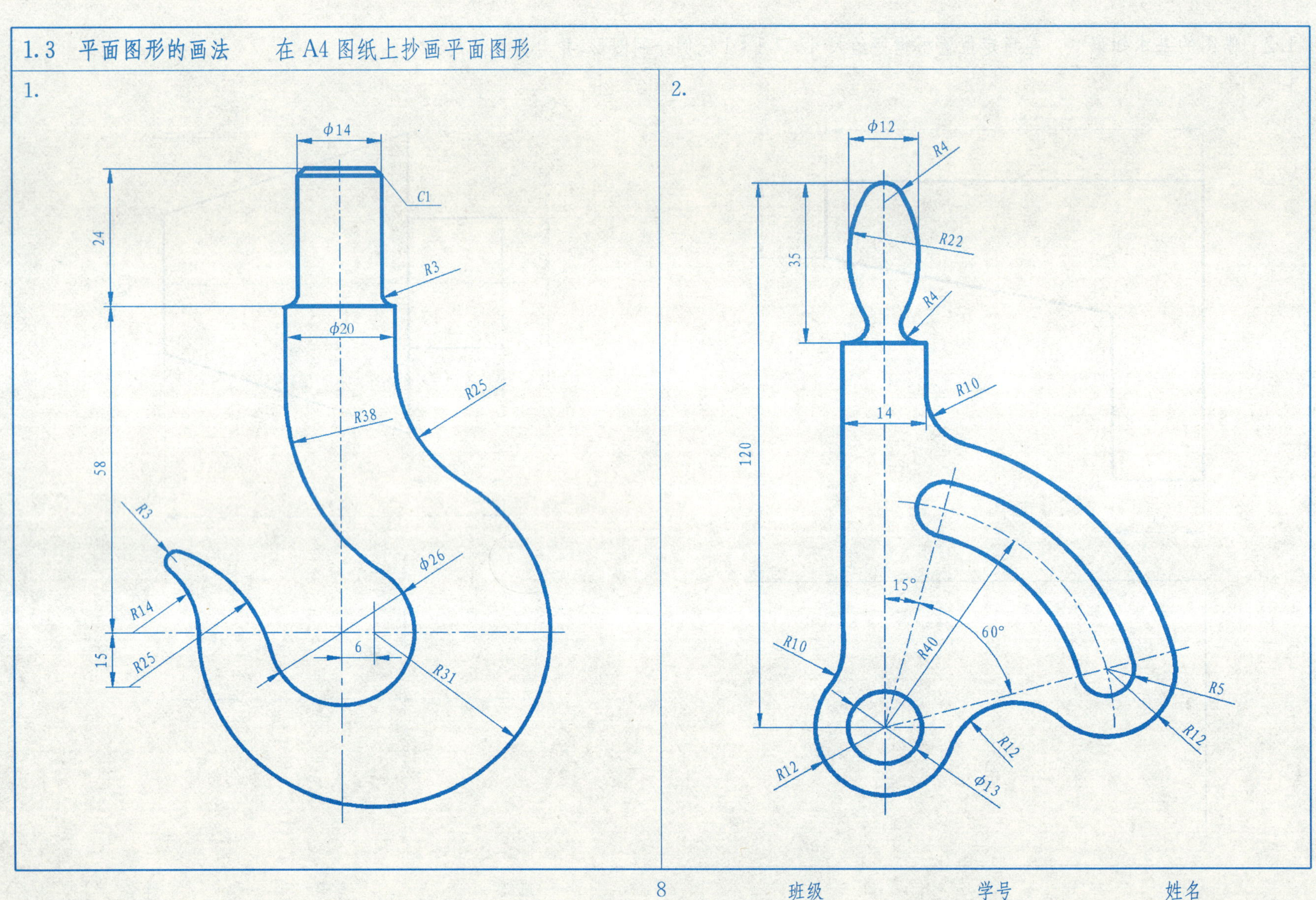

班级　　学号　　姓名

第 2 章　几何元素的投影

2.1　投影法及三视图的形成概述　　参考轴测图补画俯视图

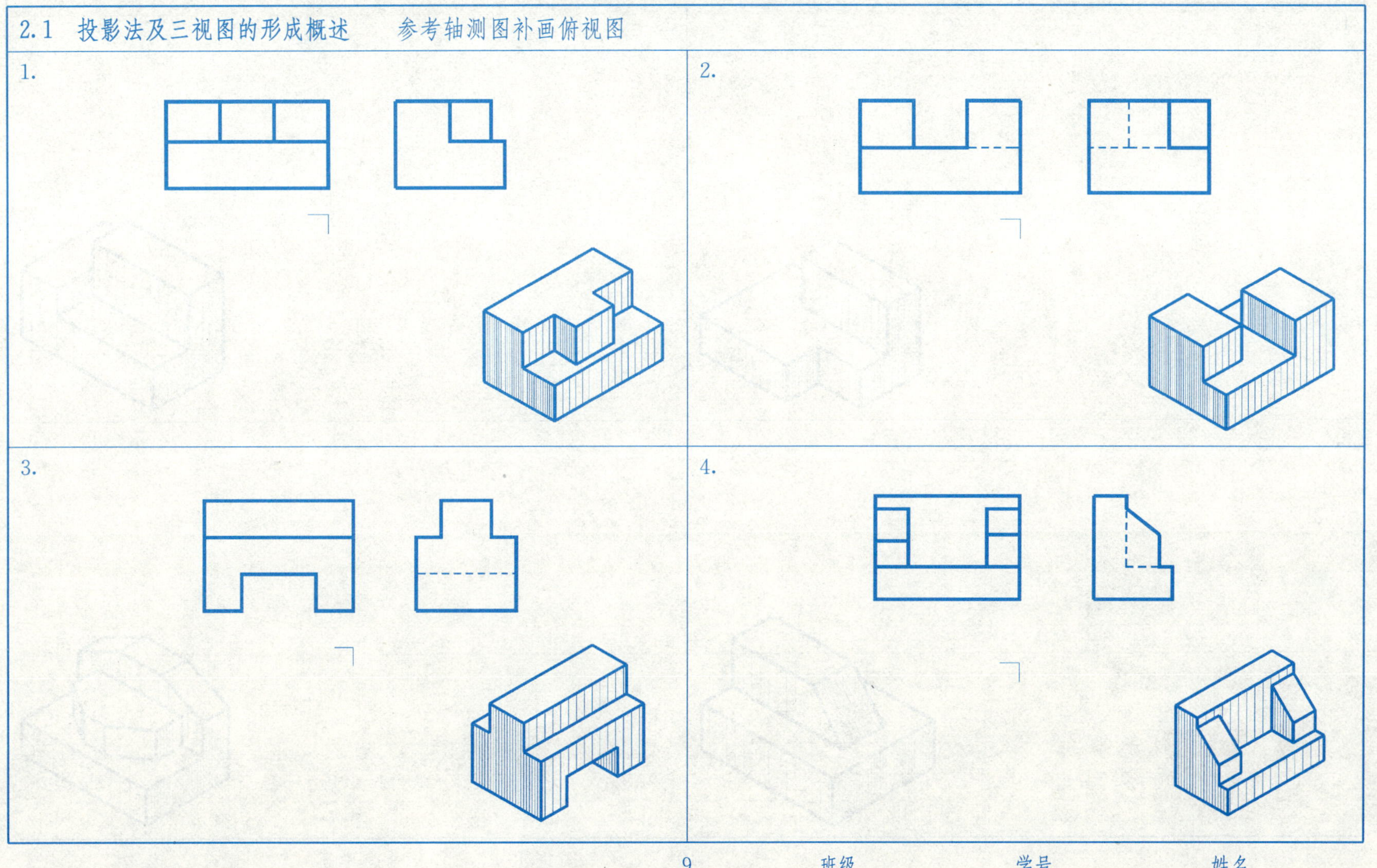

　班级　　学号　　姓名

2.1 投影法及三视图的形成概述　根据轴测图画三视图，尺寸直接从轴测图量取

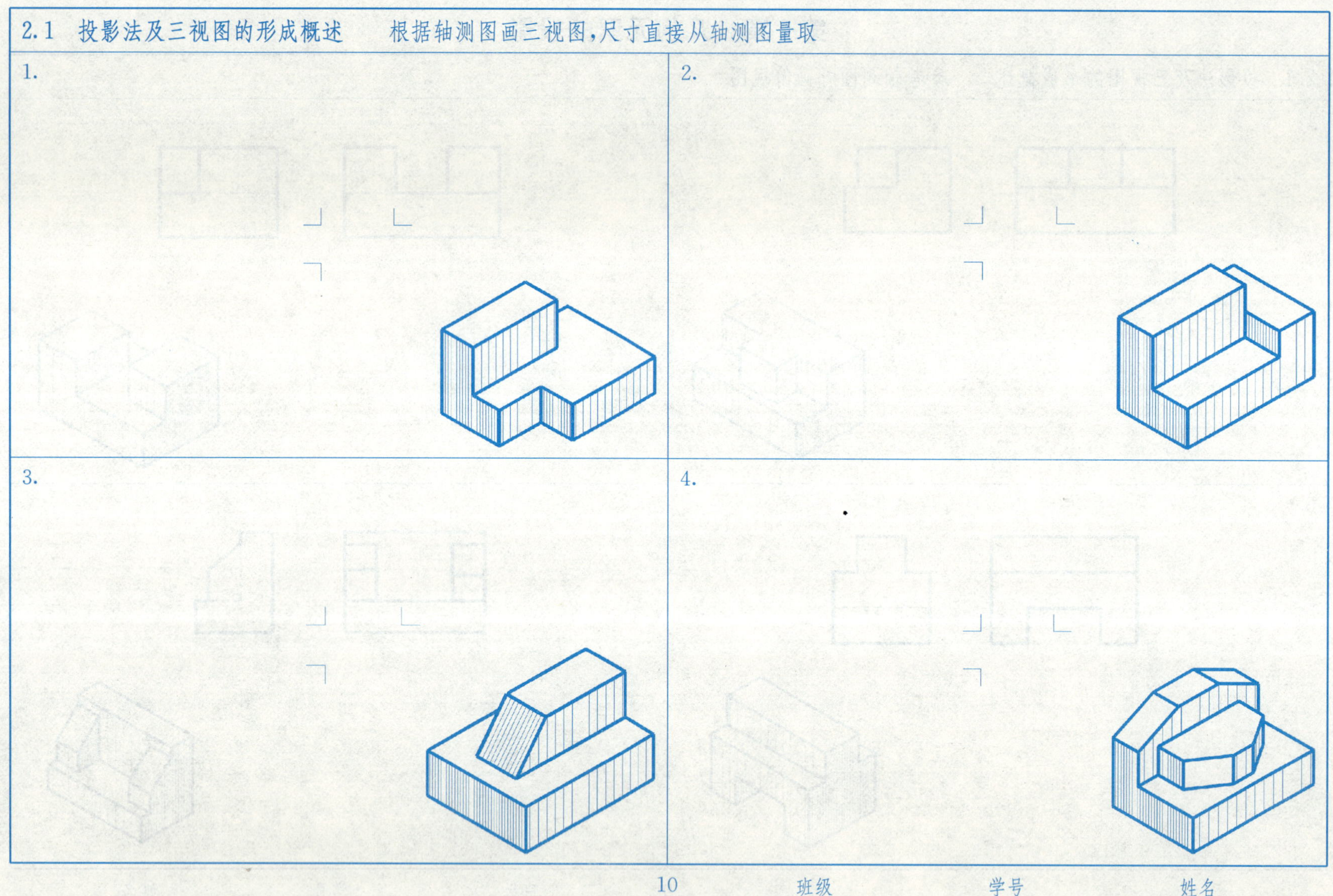

2.2 点的投影 点的投影练习

1. 完成点 $A(15,10,20)$、$B(10,25,20)$的三面投影。

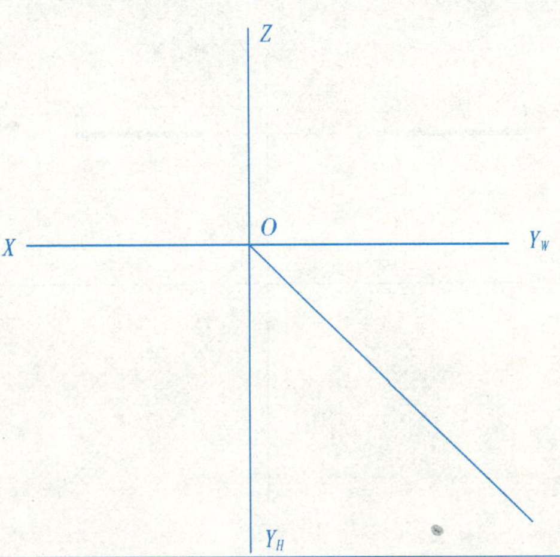

2. 求点的第三面投影。

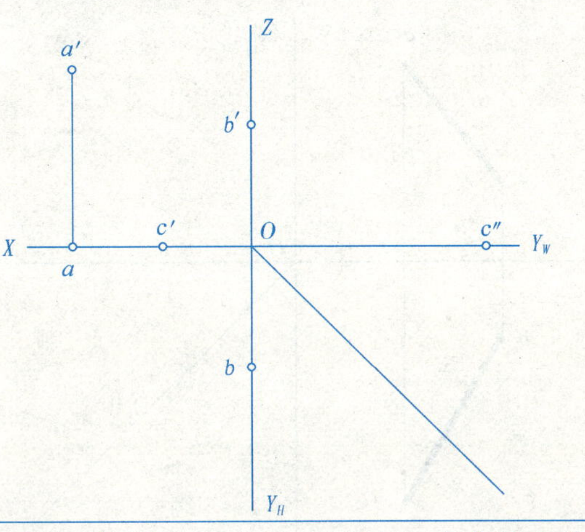

3. 已知点 A 距 H 面 30mm，距 V 面 15mm，距 W 面 25mm，作出点 A 的三面投影。

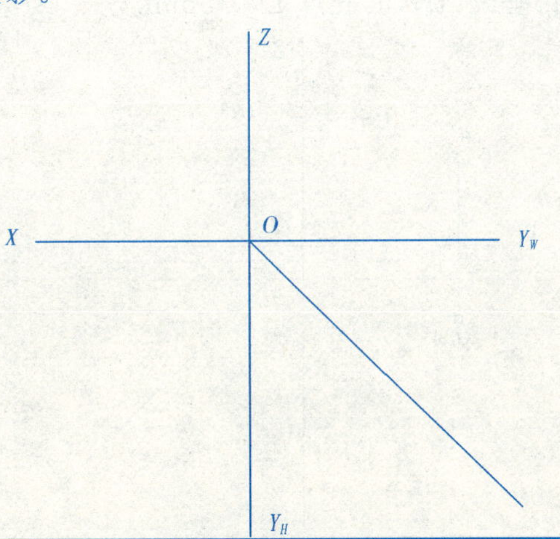

4. 已知点 B 在点 A 的右方 12，下方 10，后方 5，作出点 B 的三面投影。

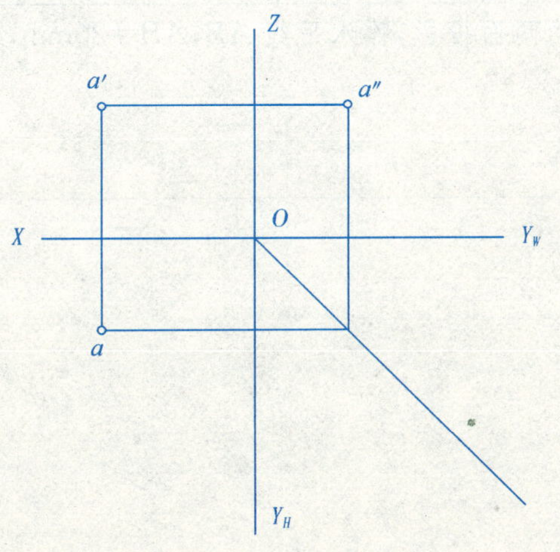

班级 学号 姓名

2.3 直线的投影 直线投影练习

1. 完成直线 AB 的三面投影。

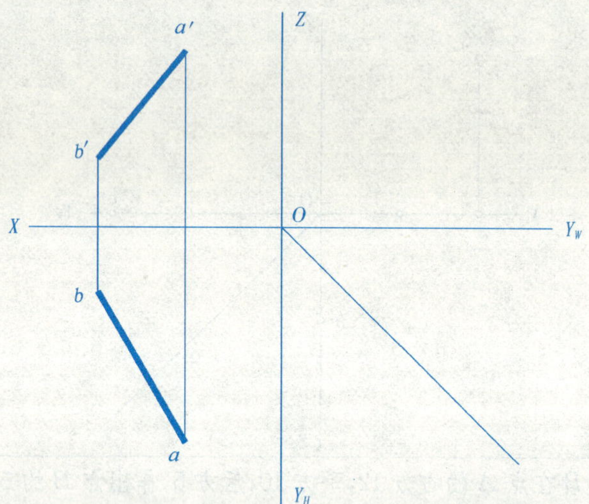

2. 求线段 AB 的实长。

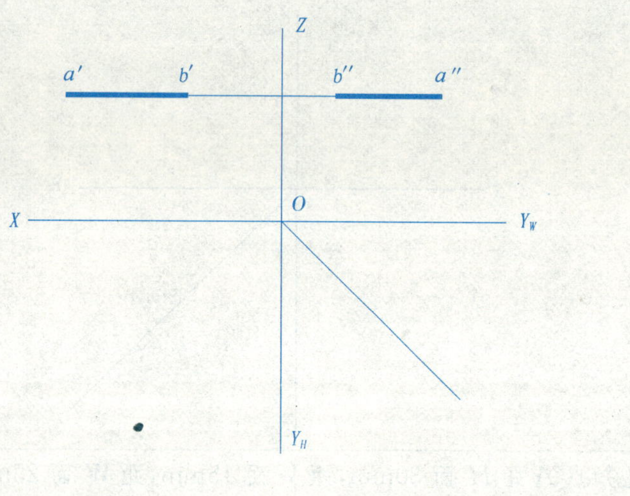

3. 已知点 A 的两面投影，作水平线 AB，$AB=20\text{mm}$，$\beta=30^\circ$。

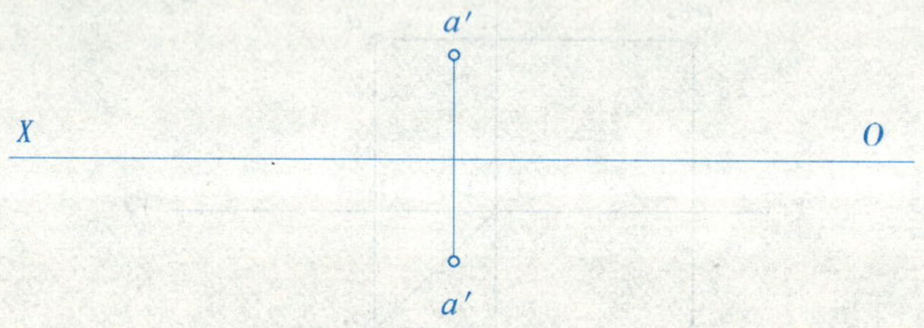

4. 过点 A 作铅垂线 AB，其长度 $L=15\text{mm}$。

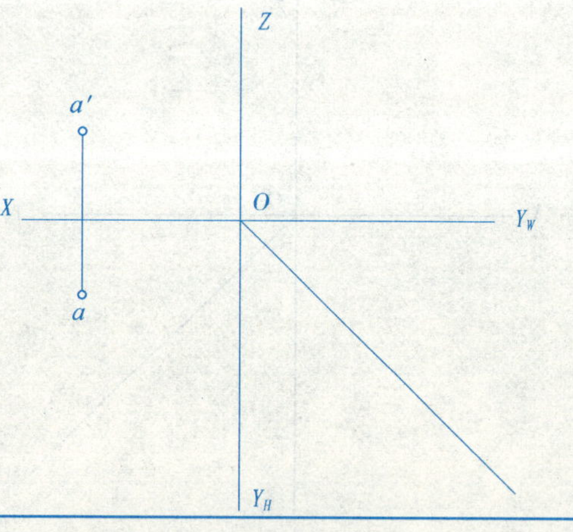

 班级 学号 姓名

2.4 平面的投影　　平面投影练习

1. 判断平面对投影面的相对位置。

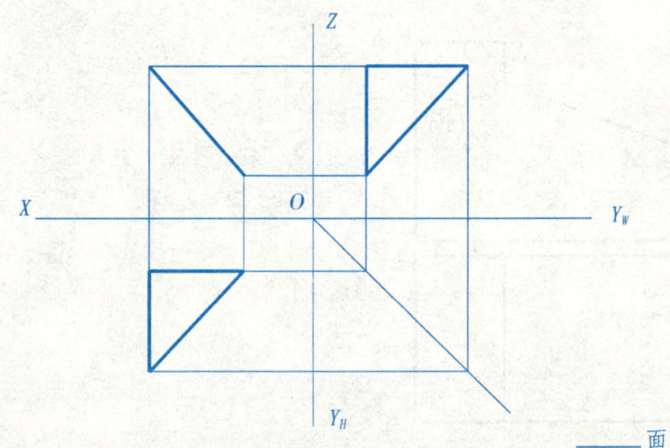

2. 完成平面图形的第三面投影。

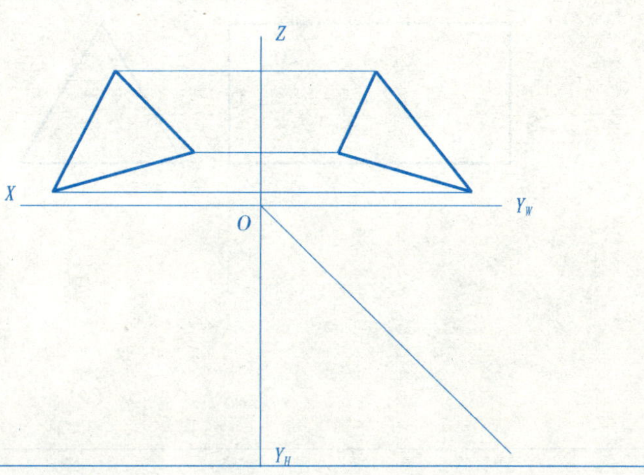

3. 完成五边形 $ABCDE$ 的两面投影。

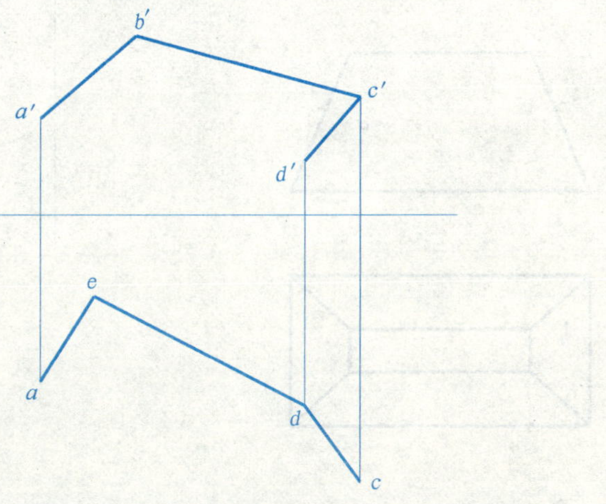

4. 判断点 K 是否在已知平面上。

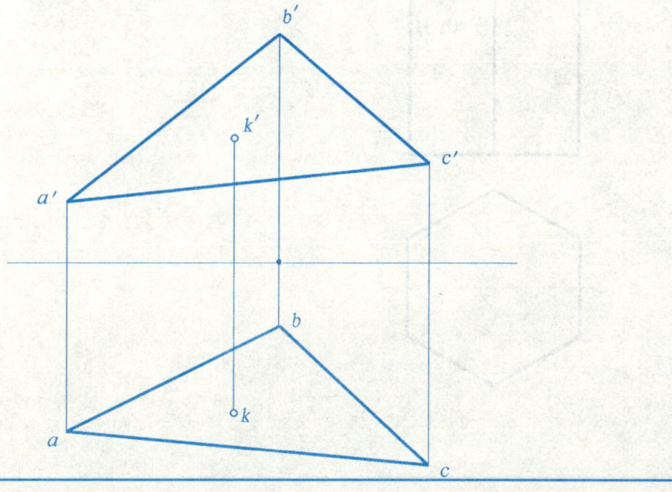

第3章 立体的投影

3.1 基本体的投影 补画平面立体第三视图，并求表面点的投影

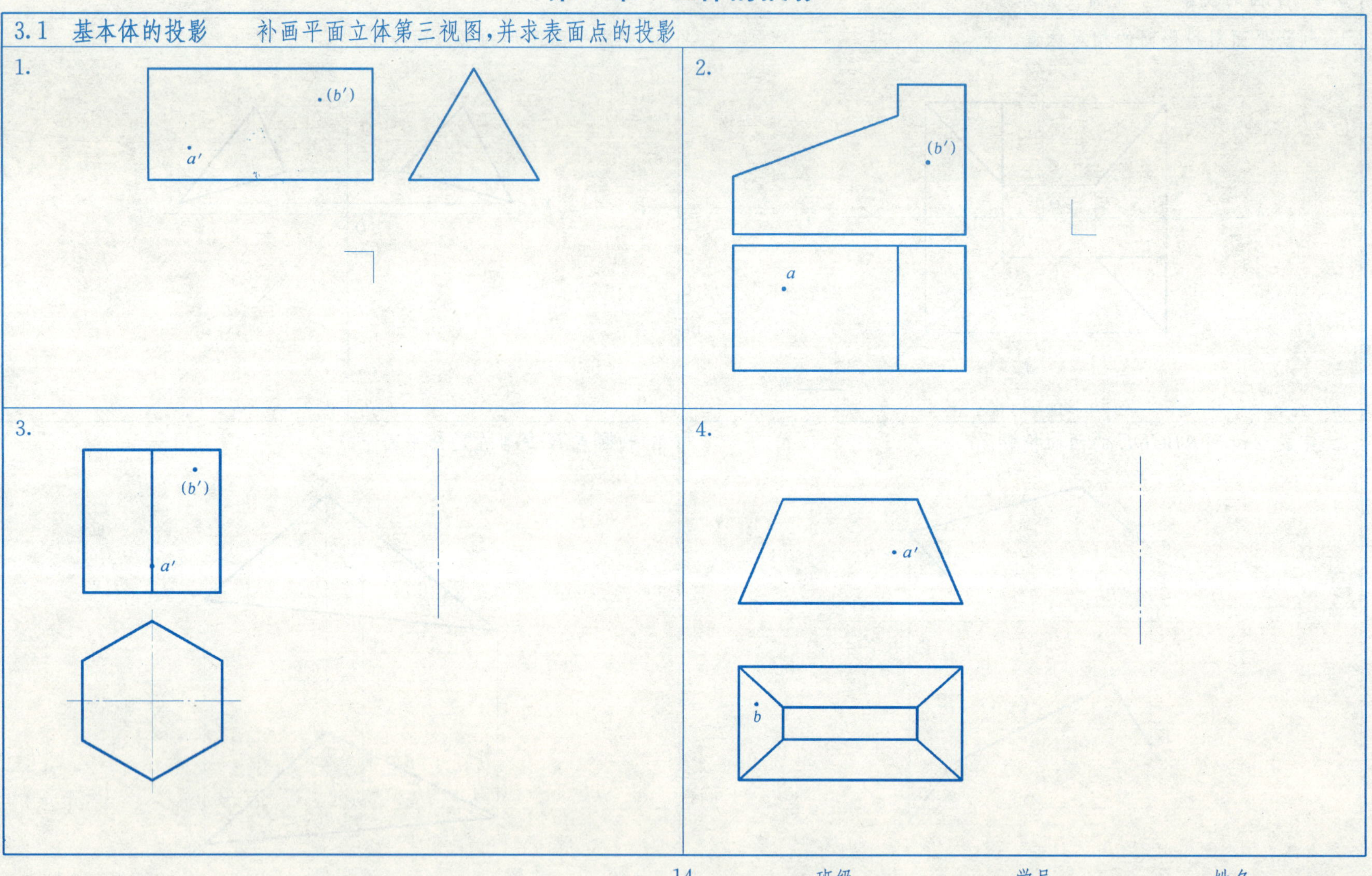

3.1 基本体的投影　　补画平面立体第三视图,并求表面点的投影

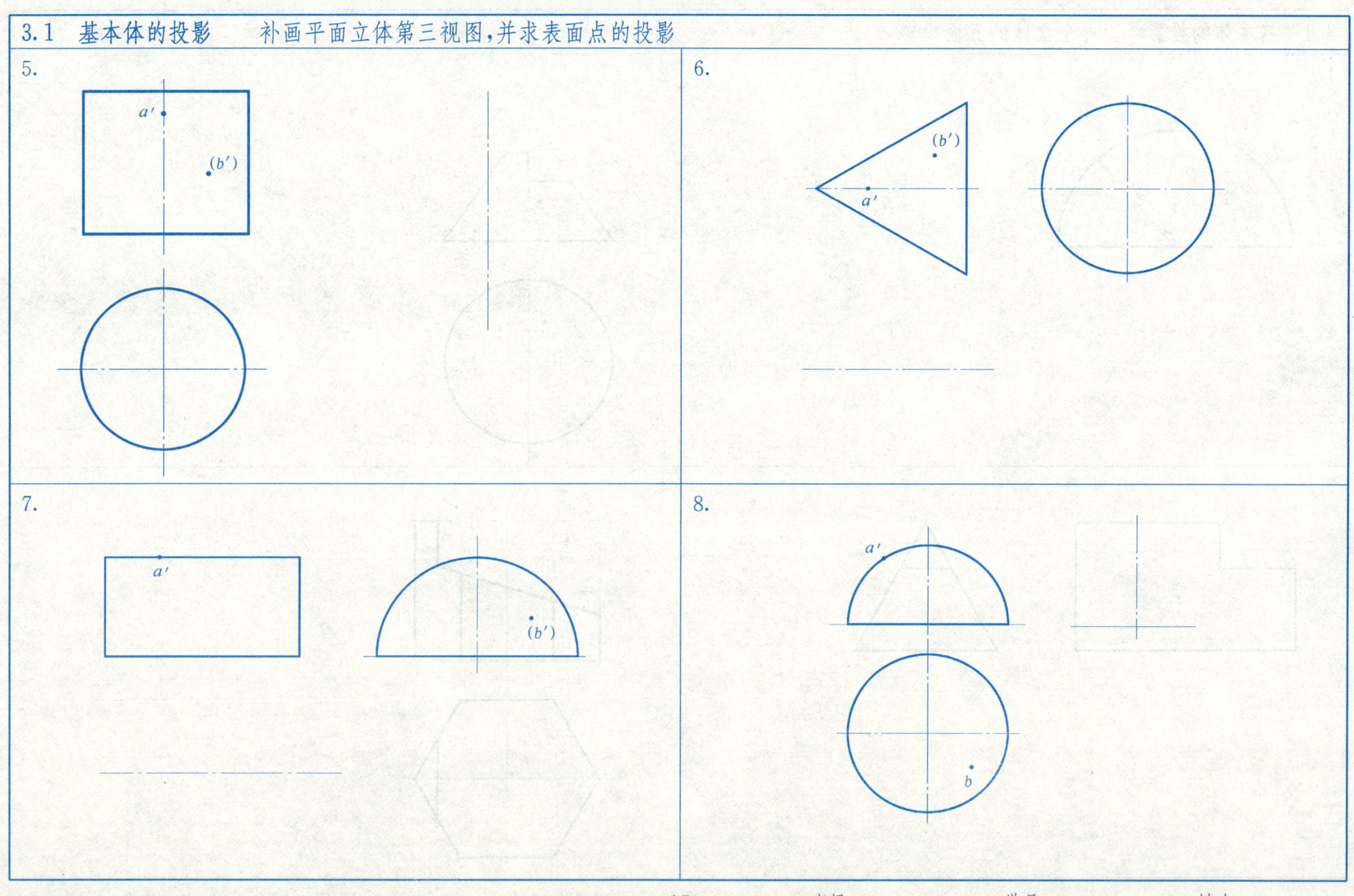

3.1 基本体的投影　　补全立体的三面投影

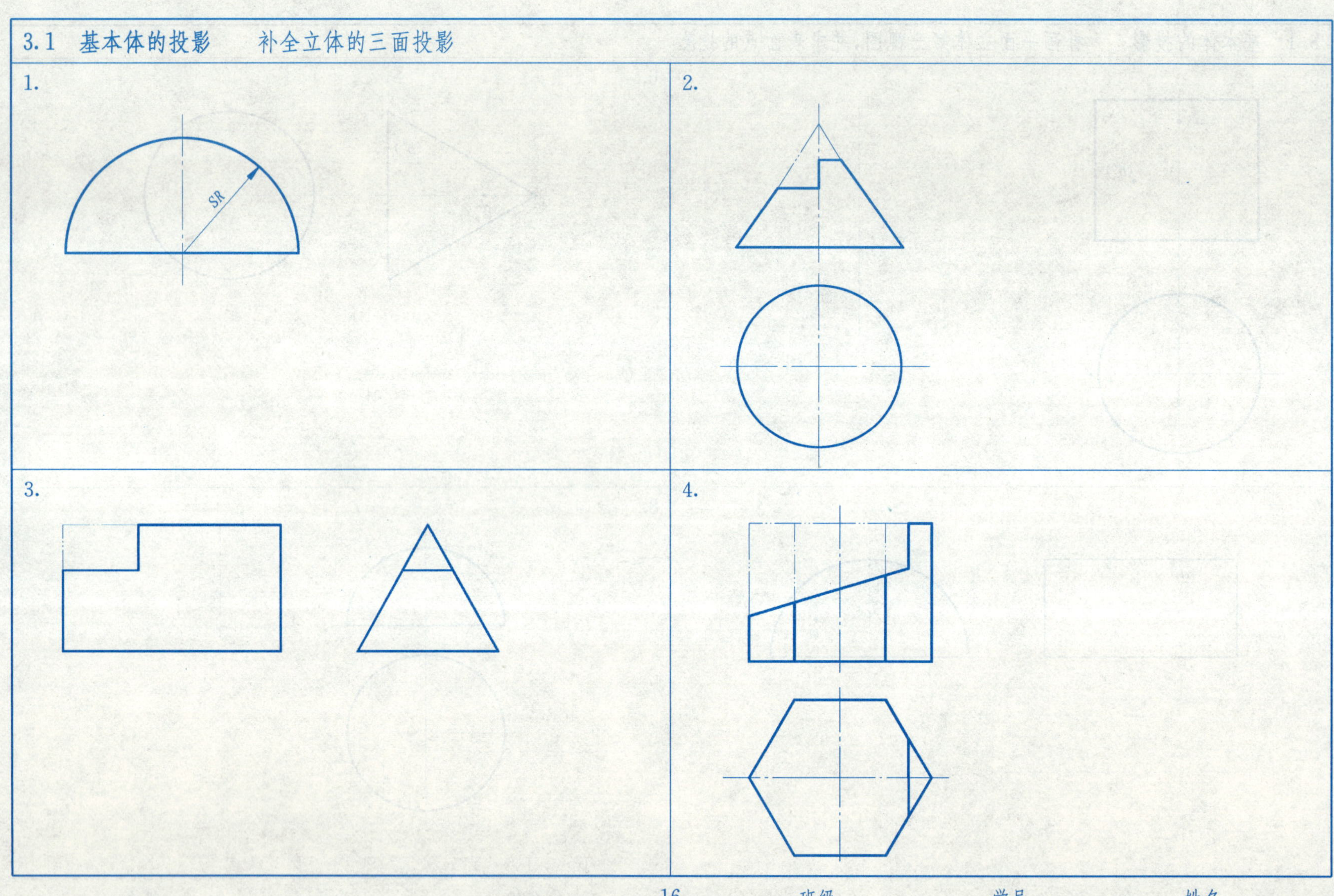

3.2　立体的轴测图　　根据已知视图，画出下列物体的正等轴测图

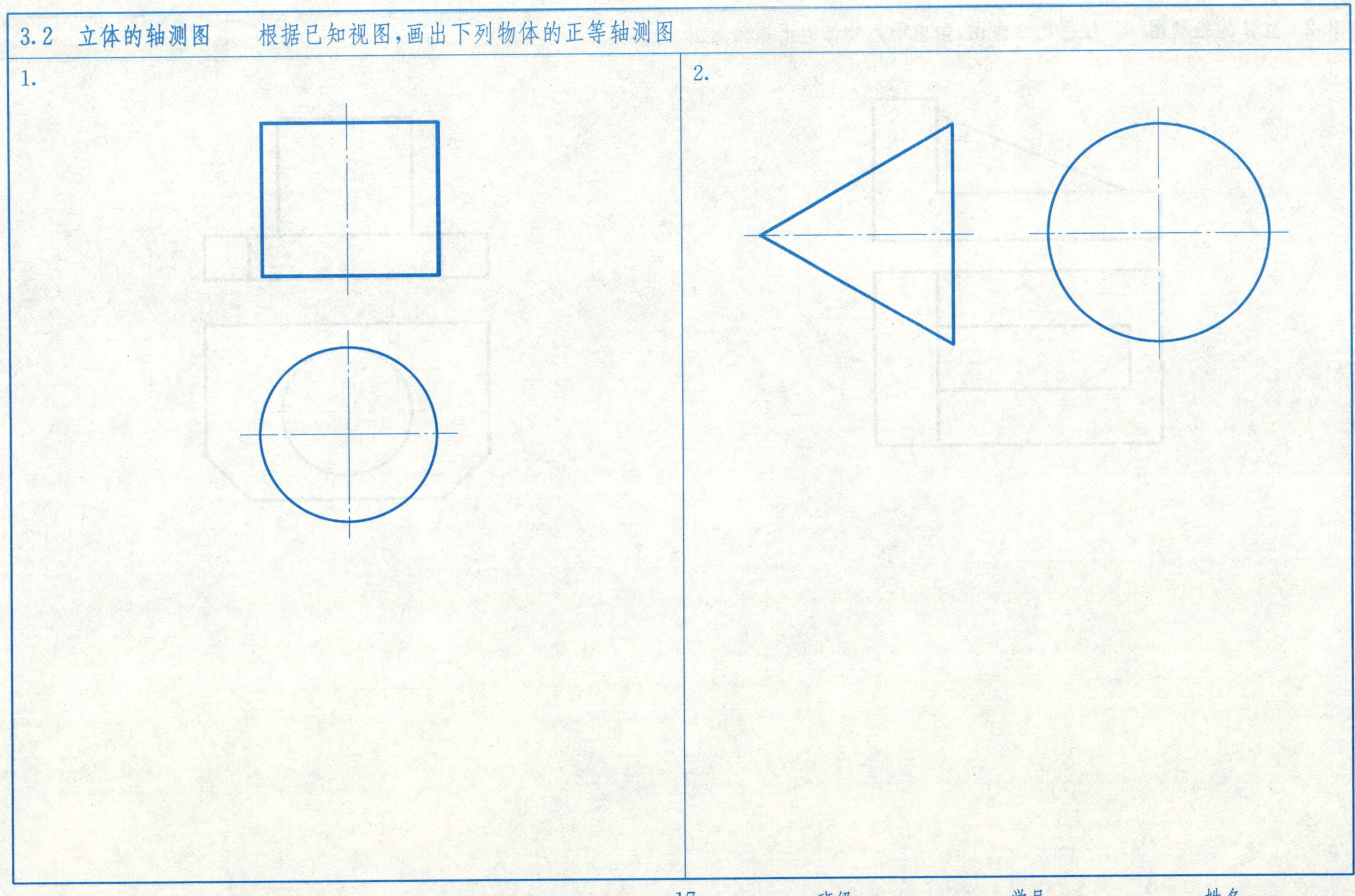

　　班级　　学号　　姓名

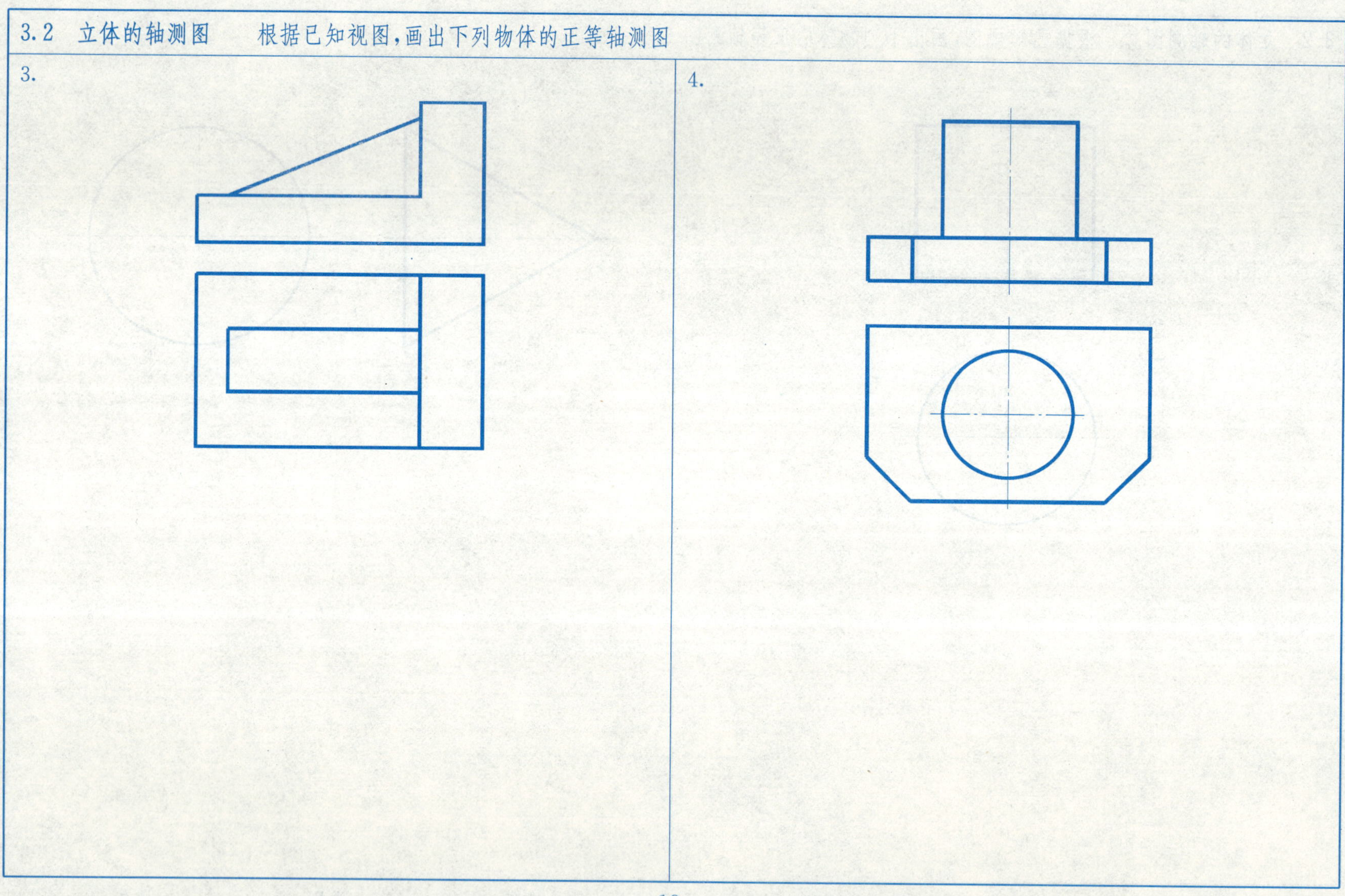
3.2 立体的轴测图 根据已知视图,画出下列物体的正等轴测图
3.
4.

3.3 立体表面的交线　　补全视图中的漏线

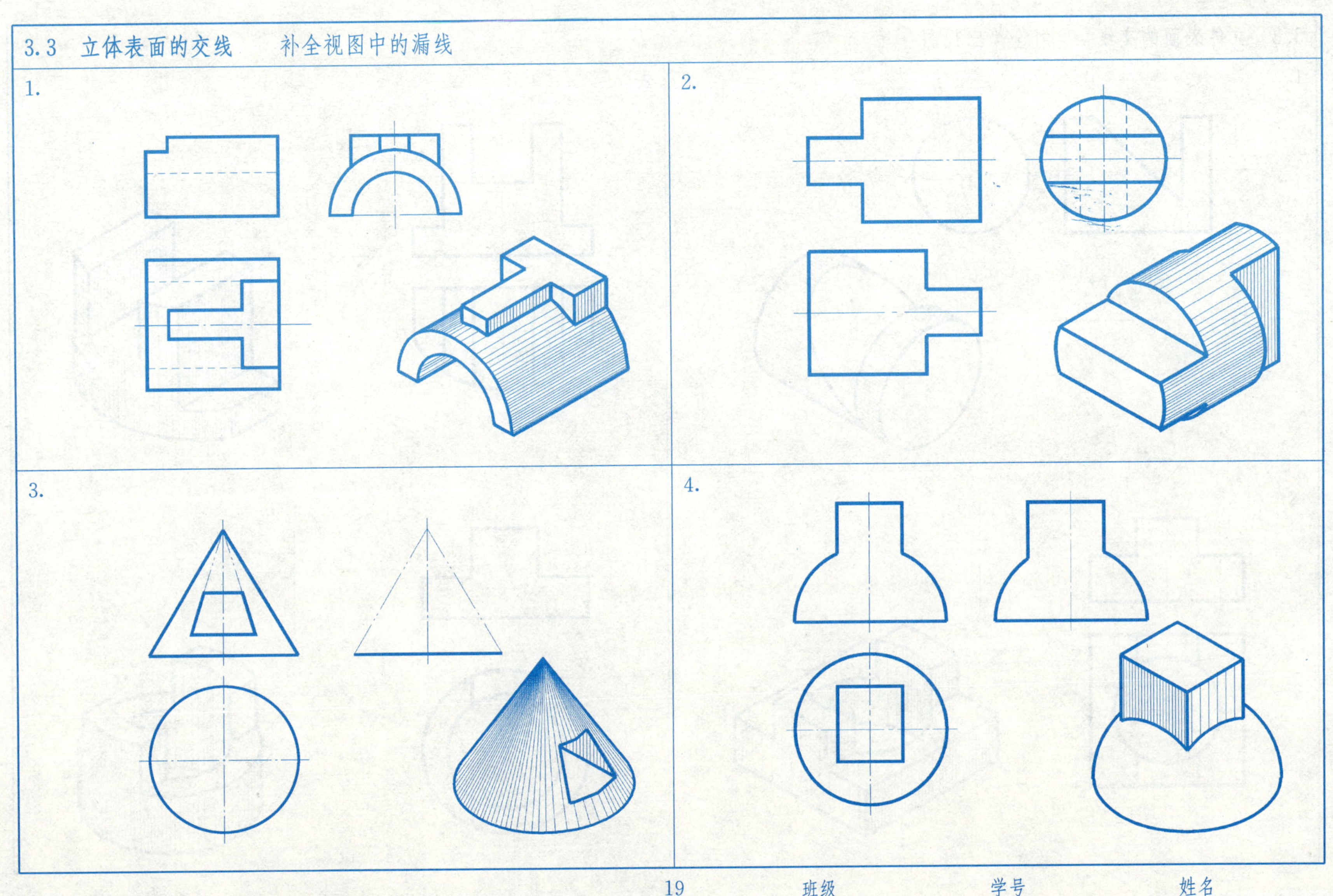

　　班级　　　学号　　　姓名

3.3 立体表面的交线　　补全第三视图

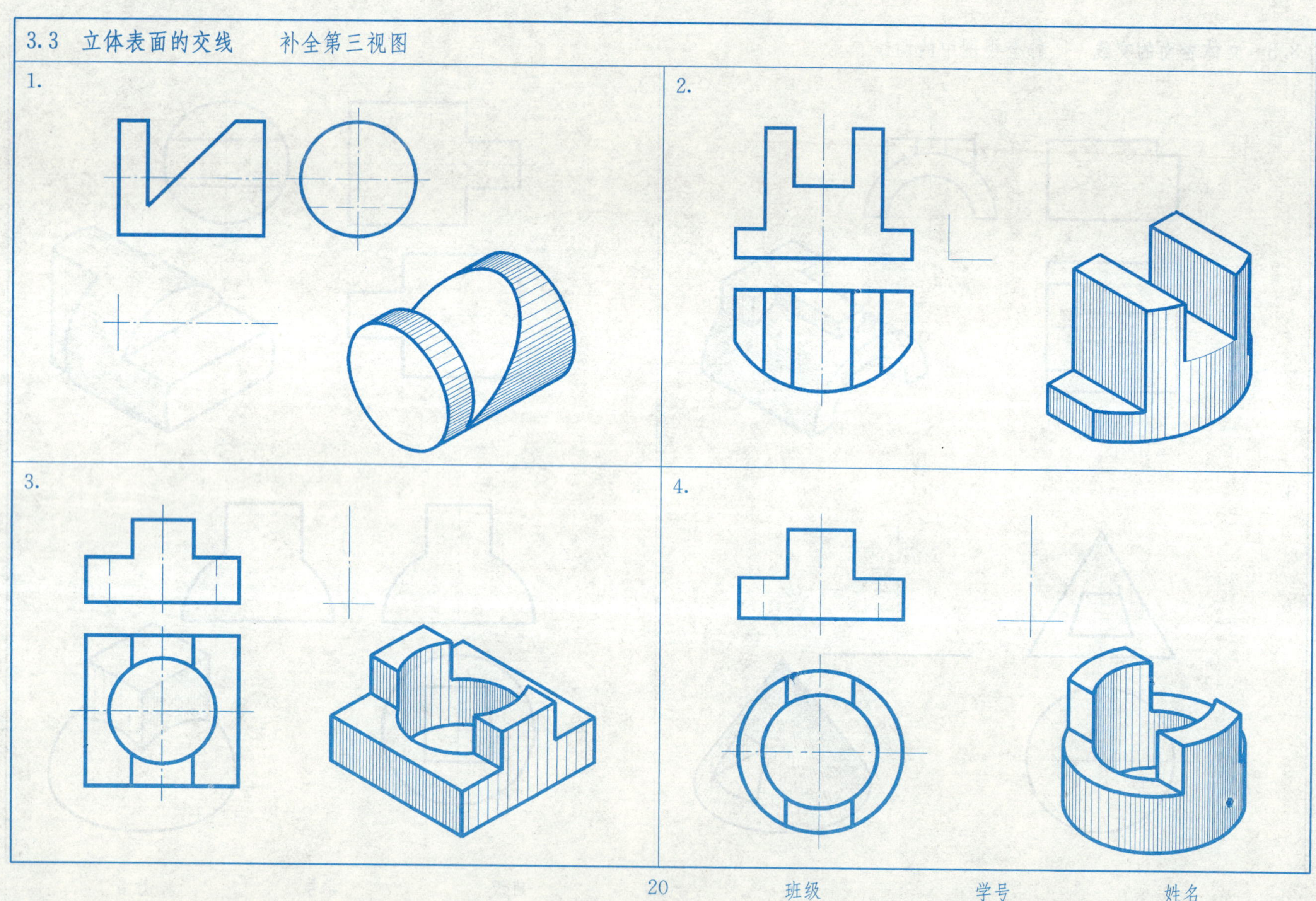

　班级　　学号　　姓名

班级　　学号　　姓名

3.3 立体表面的交线　　补全主视图上的漏线

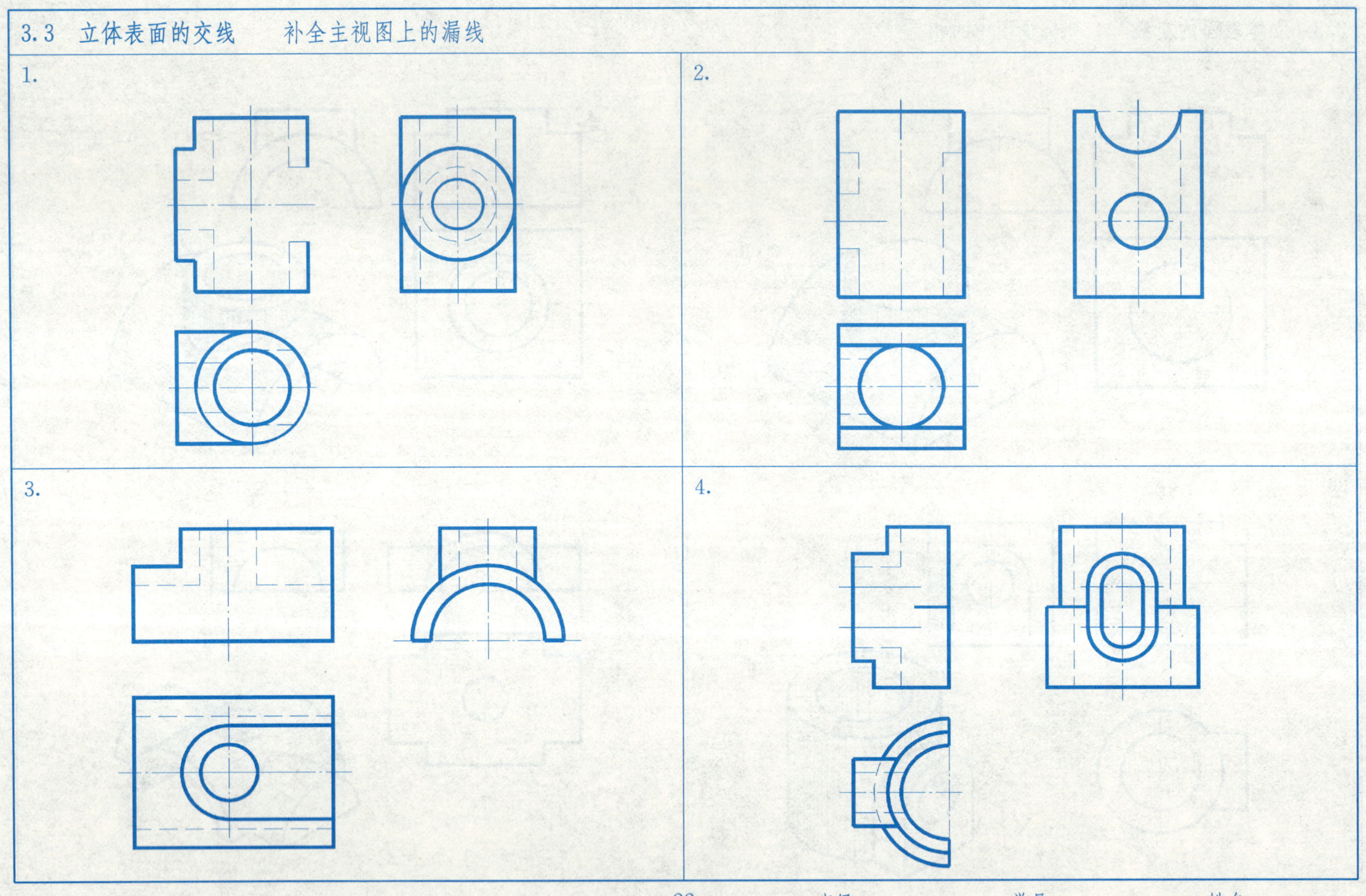

3.3 立体表面的交线　补全视图上的漏线

1. 补全左视图上的漏线。

2. 补全主视图和俯视图的漏线。

3. 补全主视图和俯视图的漏线。

4. 补全主视图和左视图的漏线。

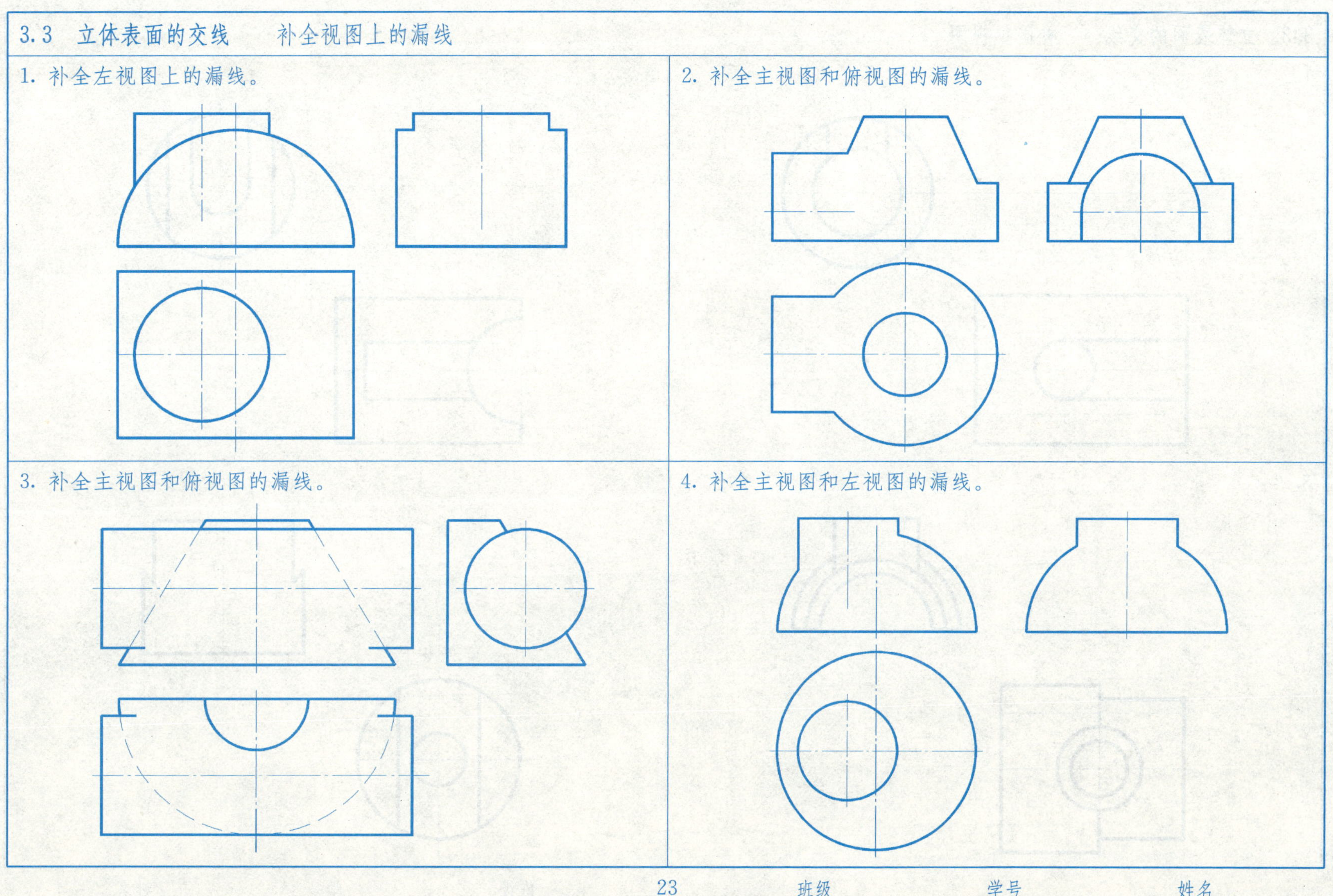

3.3　立体表面的交线　　补画主视图

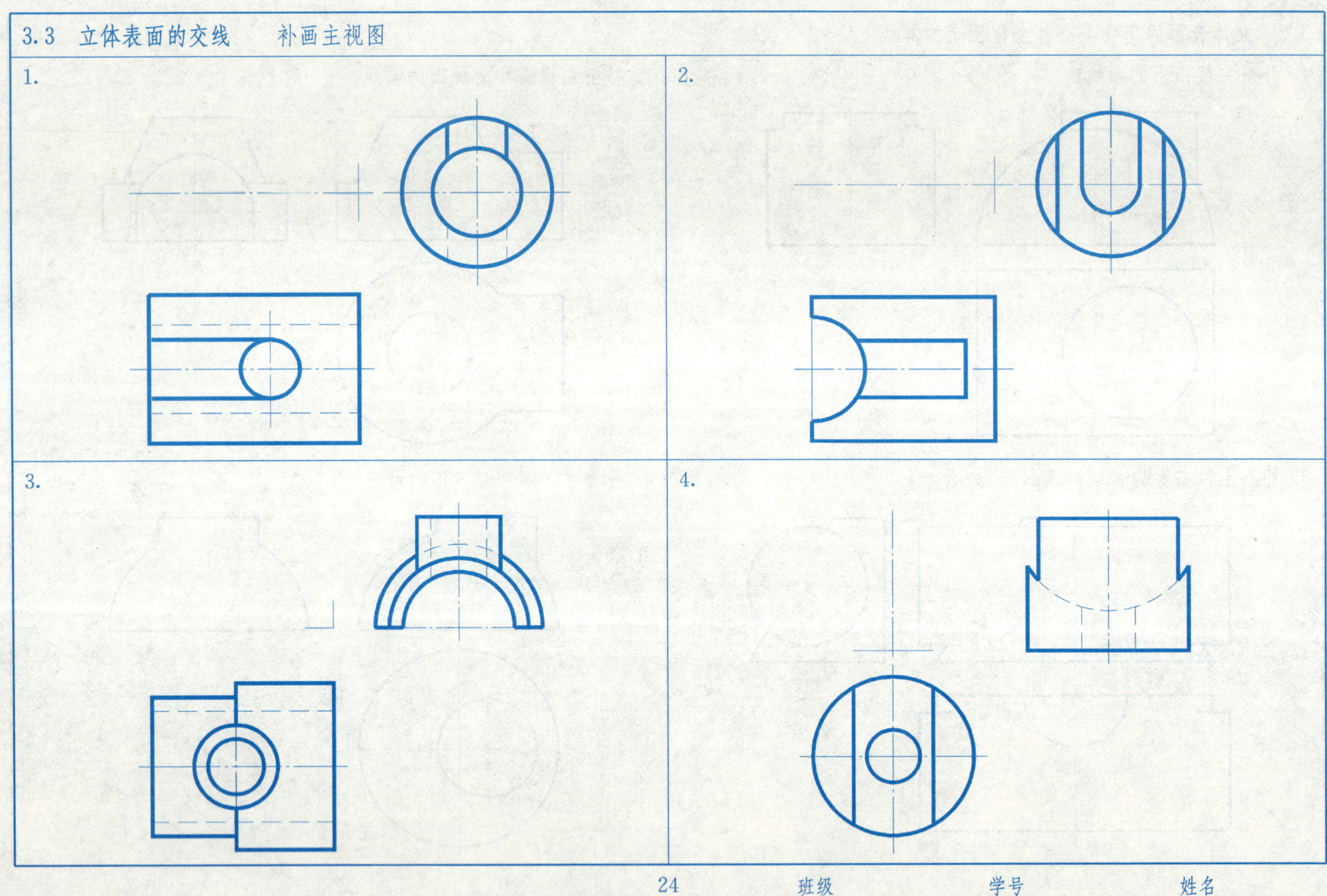

　班级　　学号　　姓名

第 4 章　组合体的视图及尺寸标注

4.1　组合体的三视图的画法　　根据轴测图，画出组合体的三视图(尺寸从图中量取)

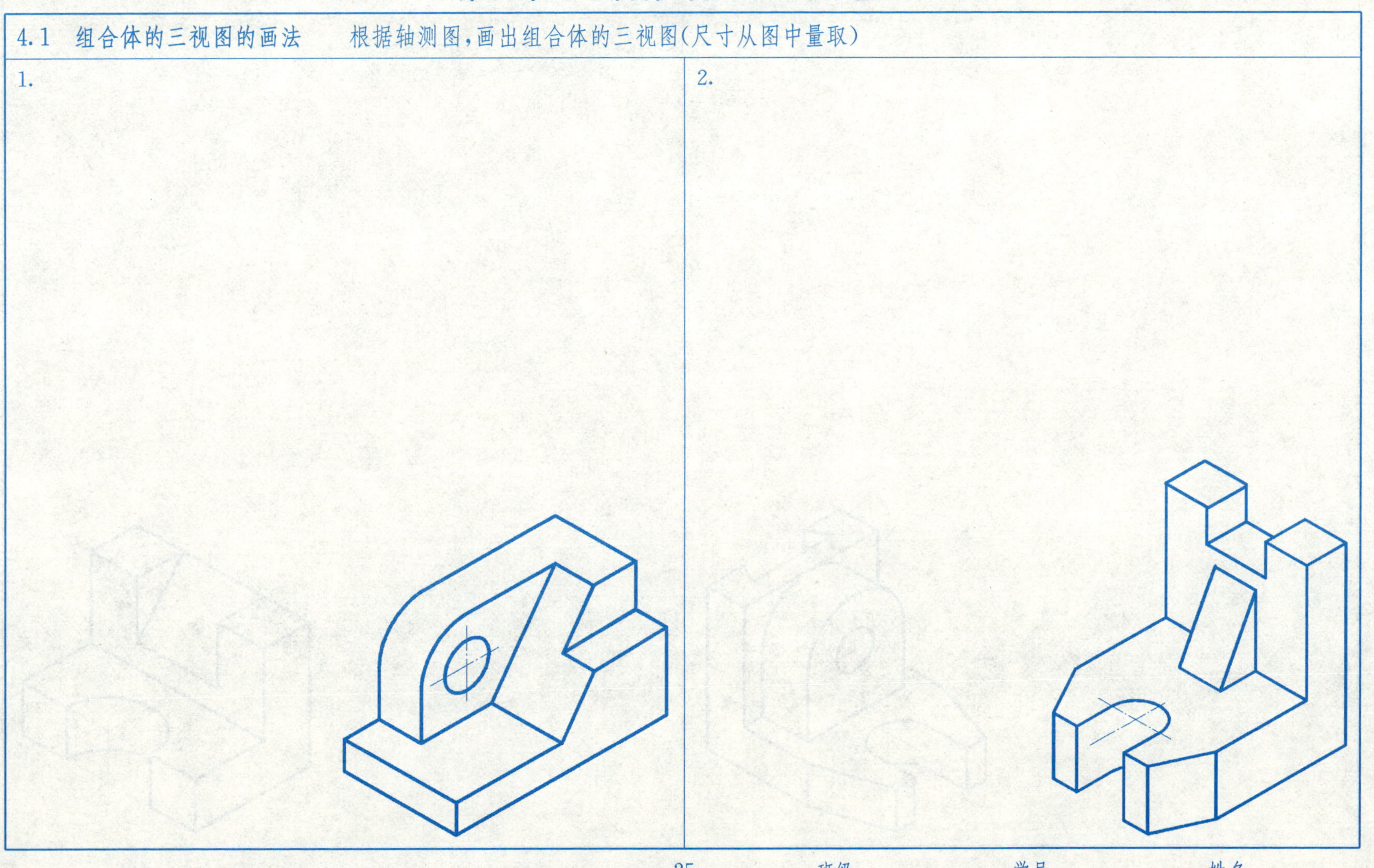

4.1 组合体的三视图的画法　　根据轴测图,画出组合体的三视图(尺寸从图中量取)

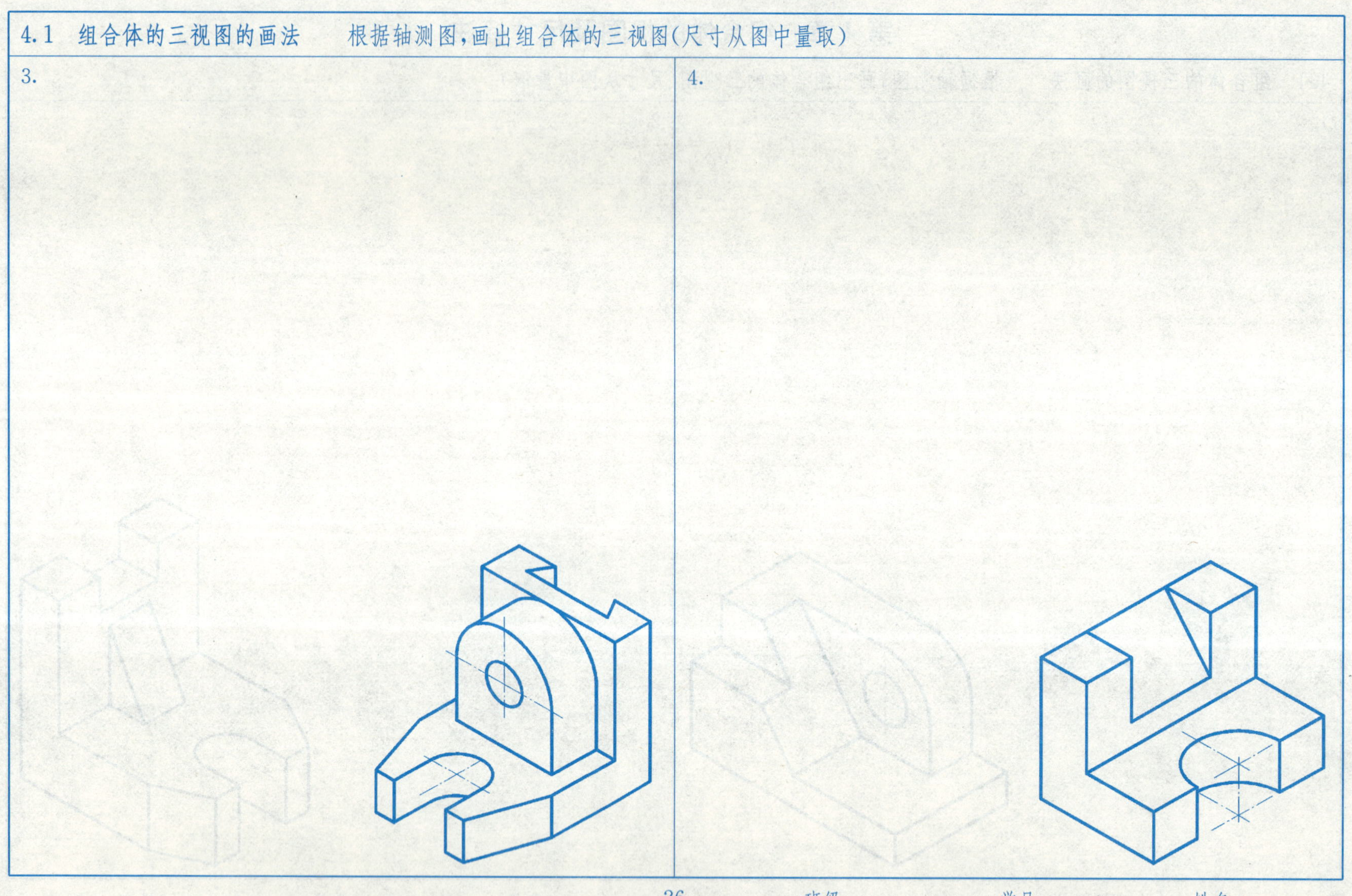

4.1 组合体的三视图的画法 补画漏线

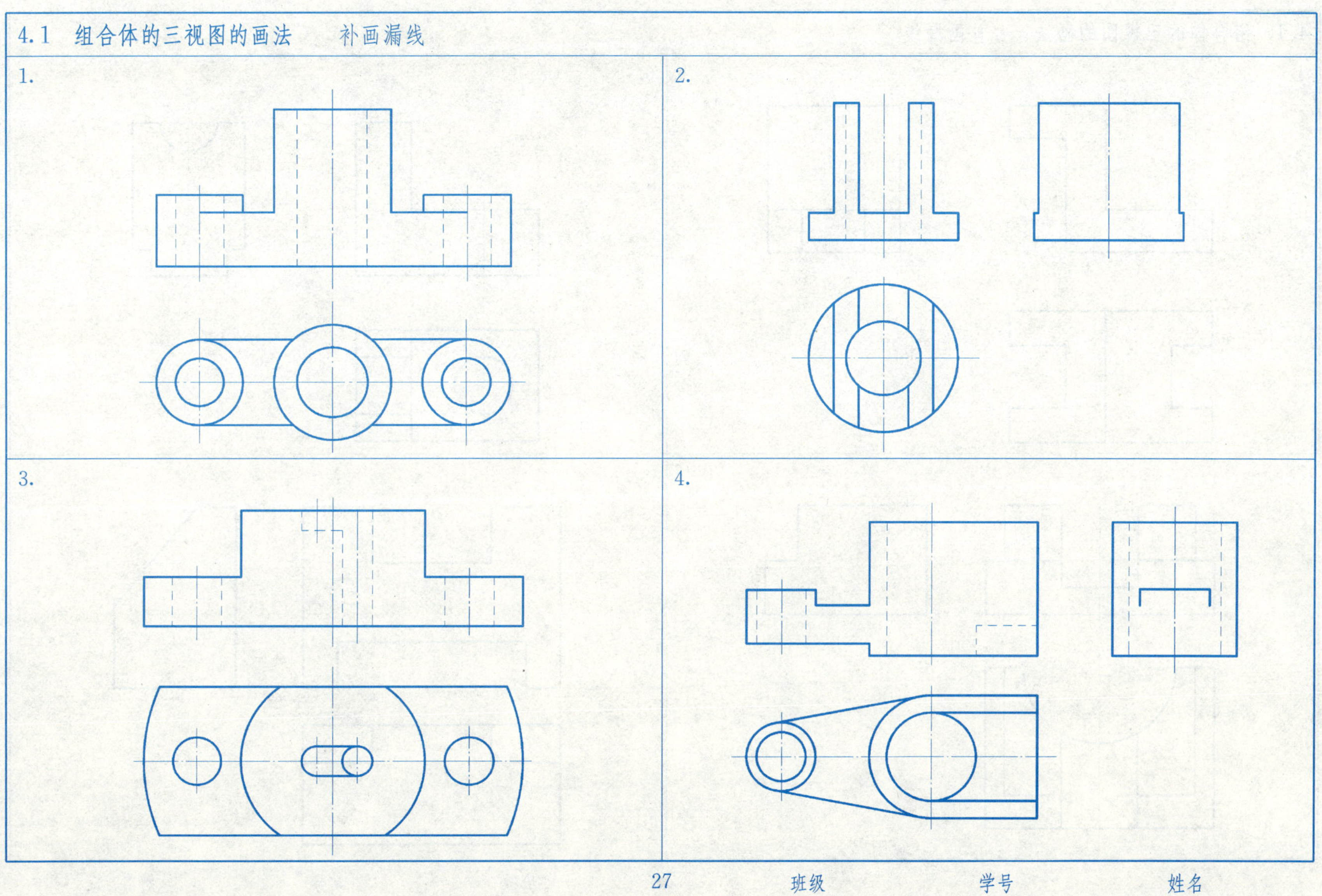

 班级 学号 姓名

4.1 组合体的三视图的画法　　补画漏线

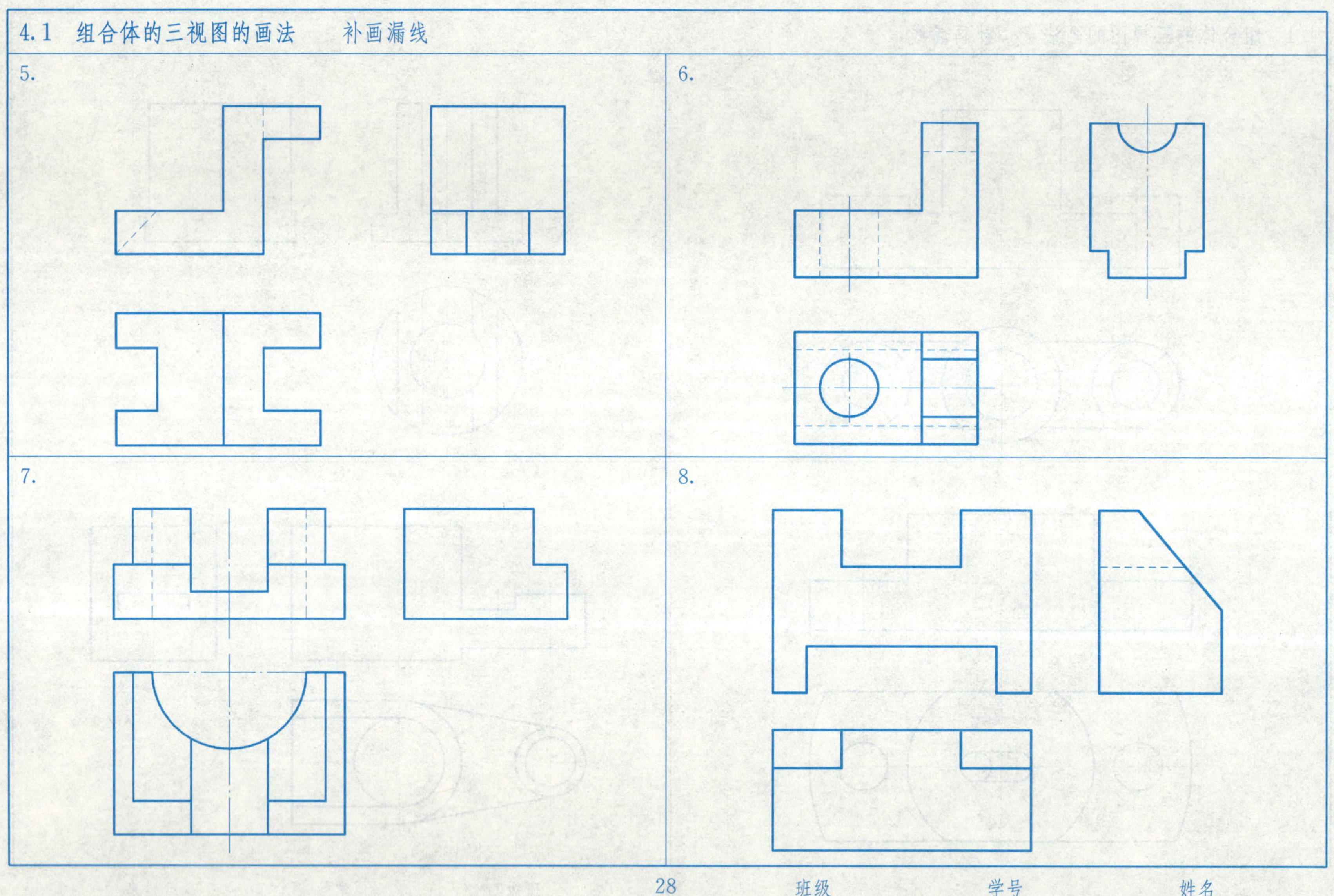

班级　　　学号　　　姓名

补画漏线

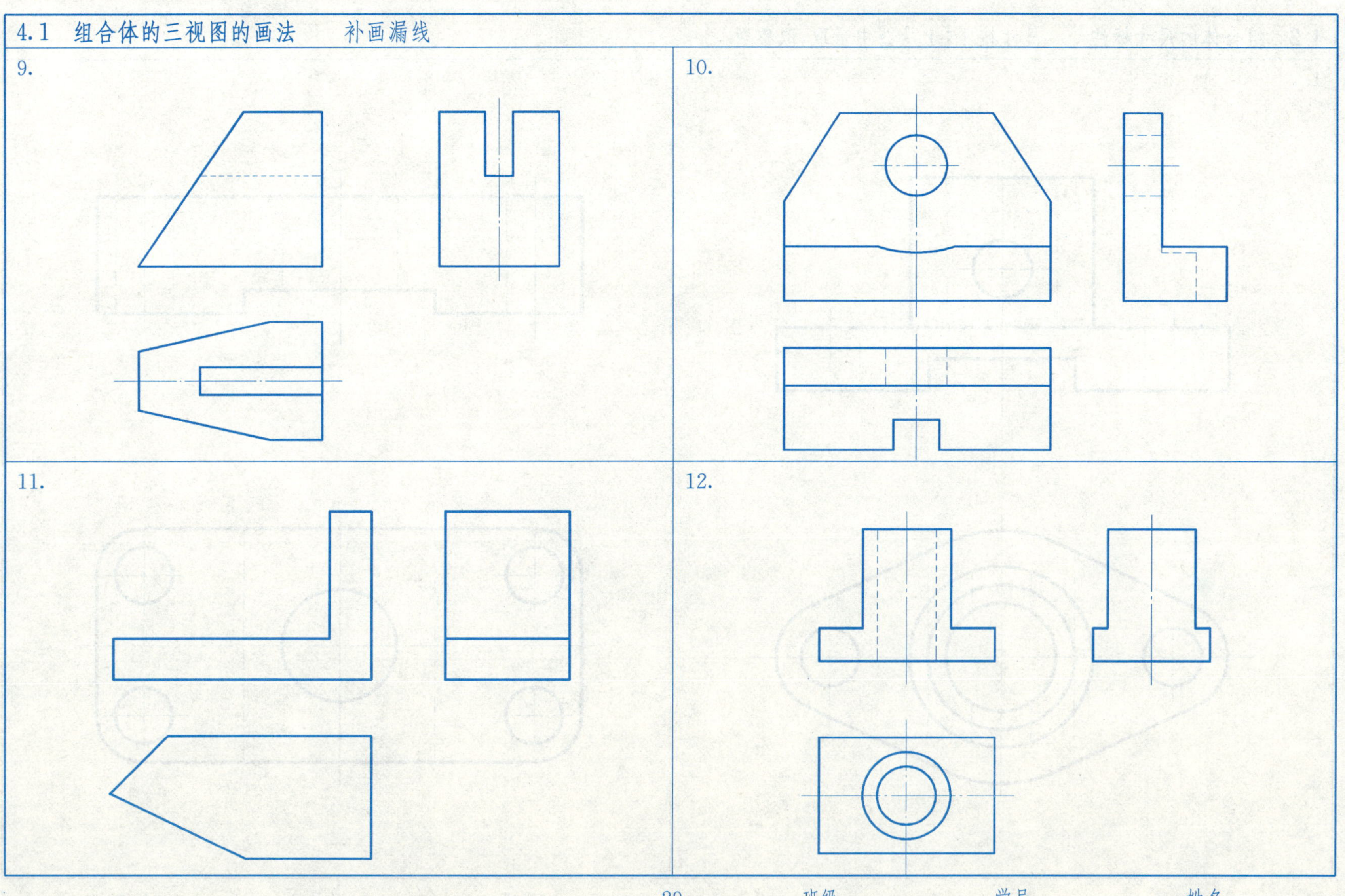

 班级 学号 姓名

4.2 组合体的尺寸标注　　尺寸按1:1从图中量取,取整数

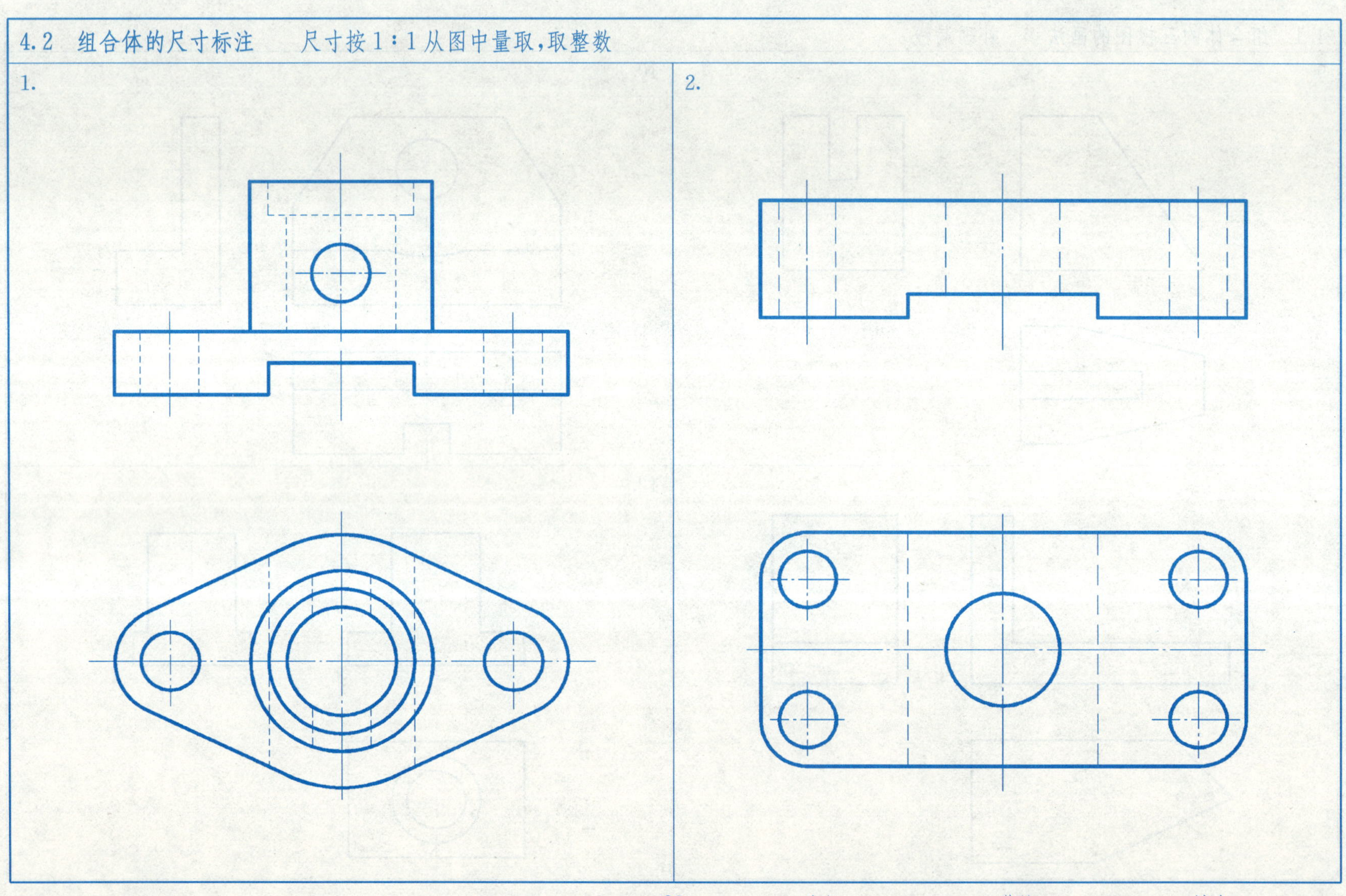

班级　　学号　　姓名

4.2 组合体的尺寸标注 尺寸按1∶1从图中量取，取整数

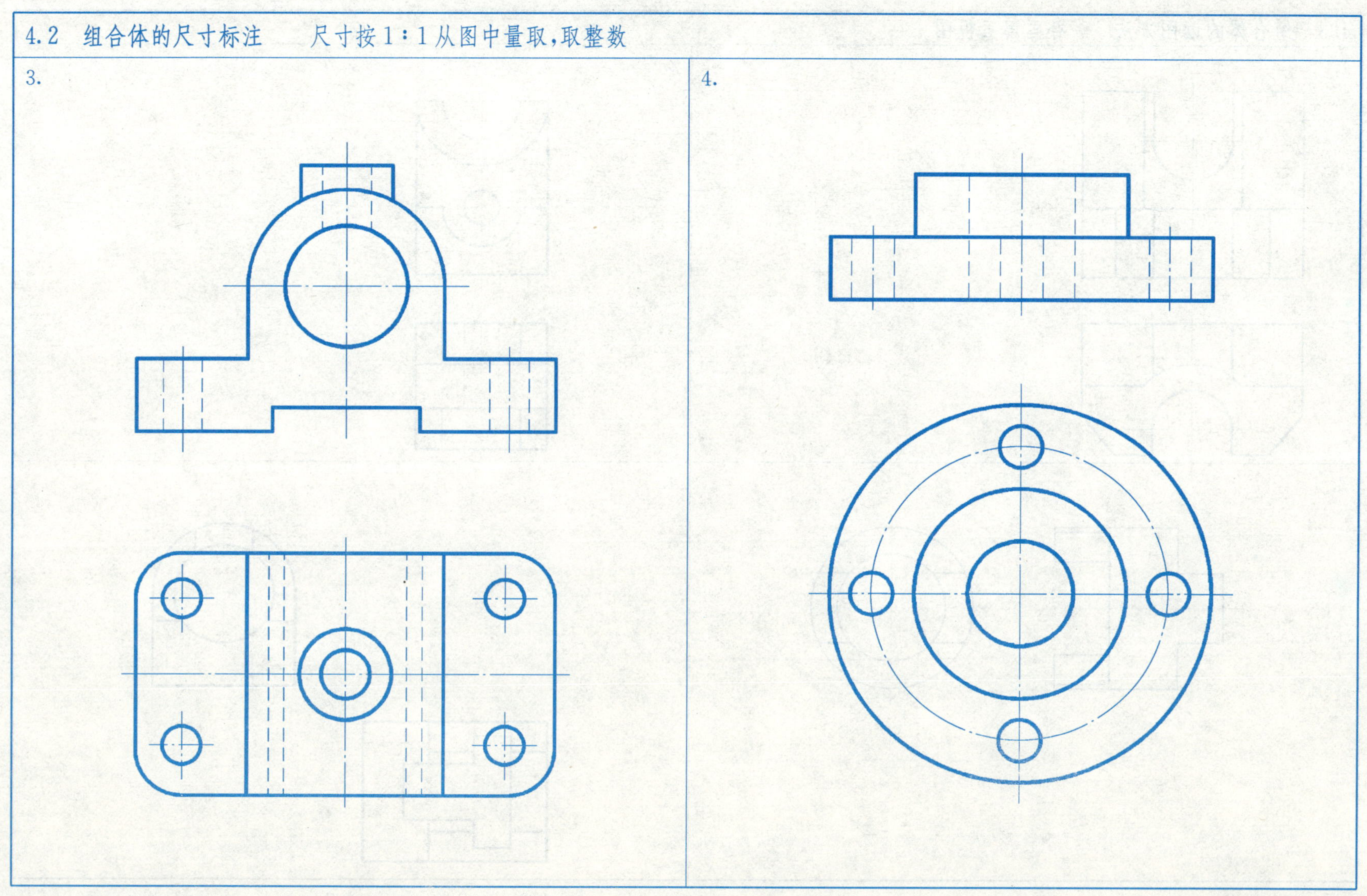

 班级 学号 姓名

4.3 组合体的读图方法　　补画第三视图

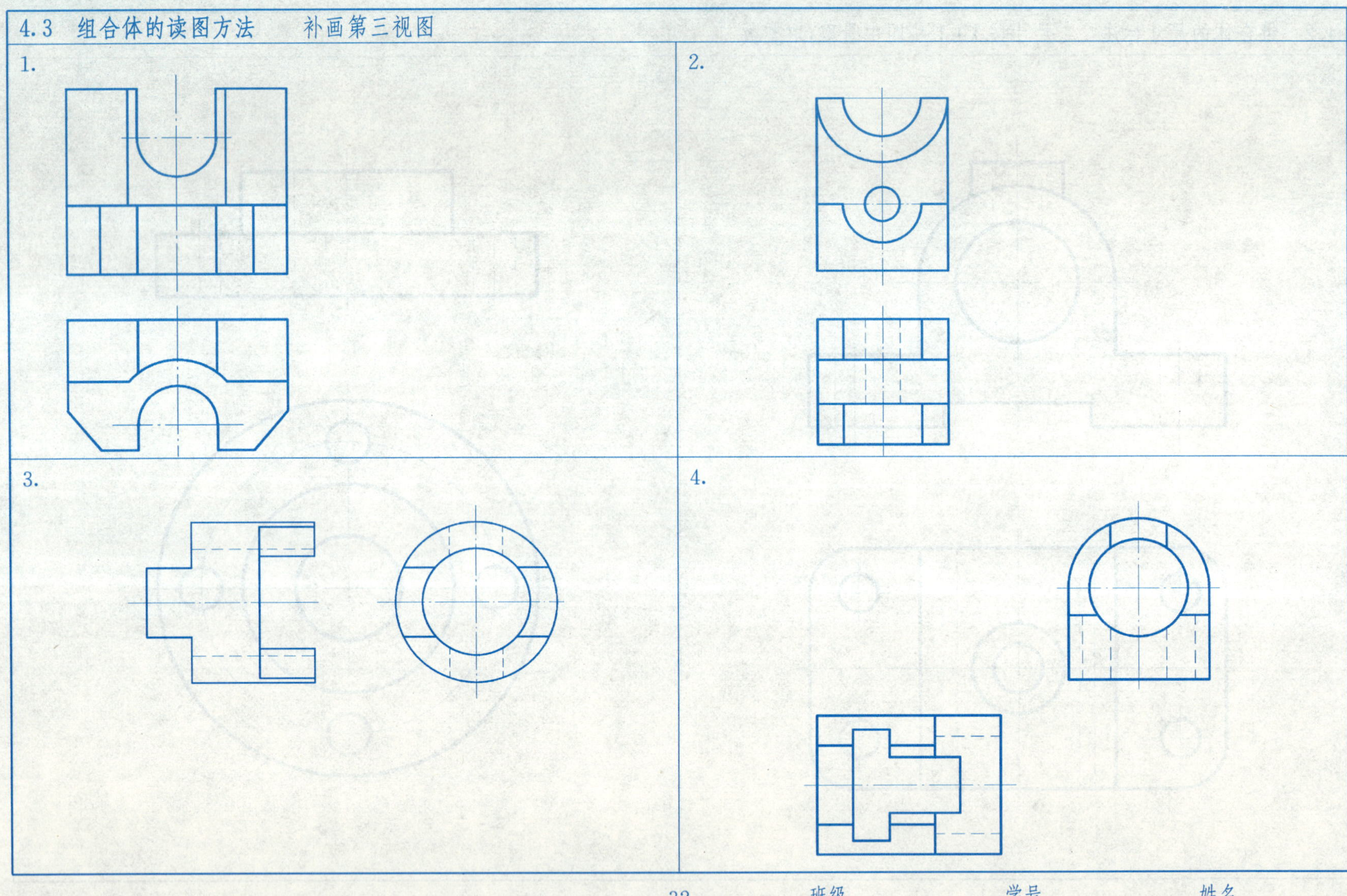

班级　　学号　　姓名

补画第三视图

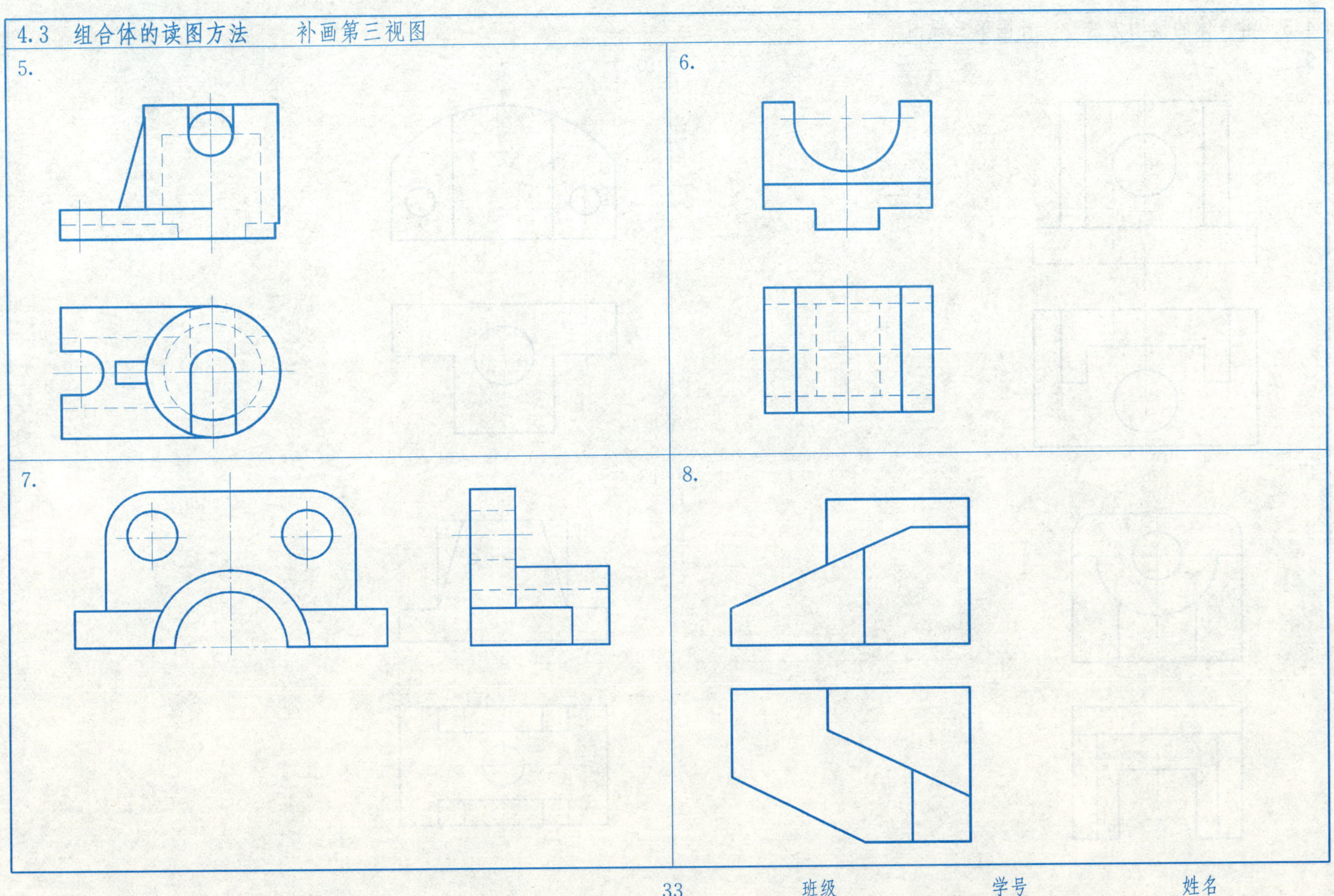

 班级 学号 姓名

 补画第三视图

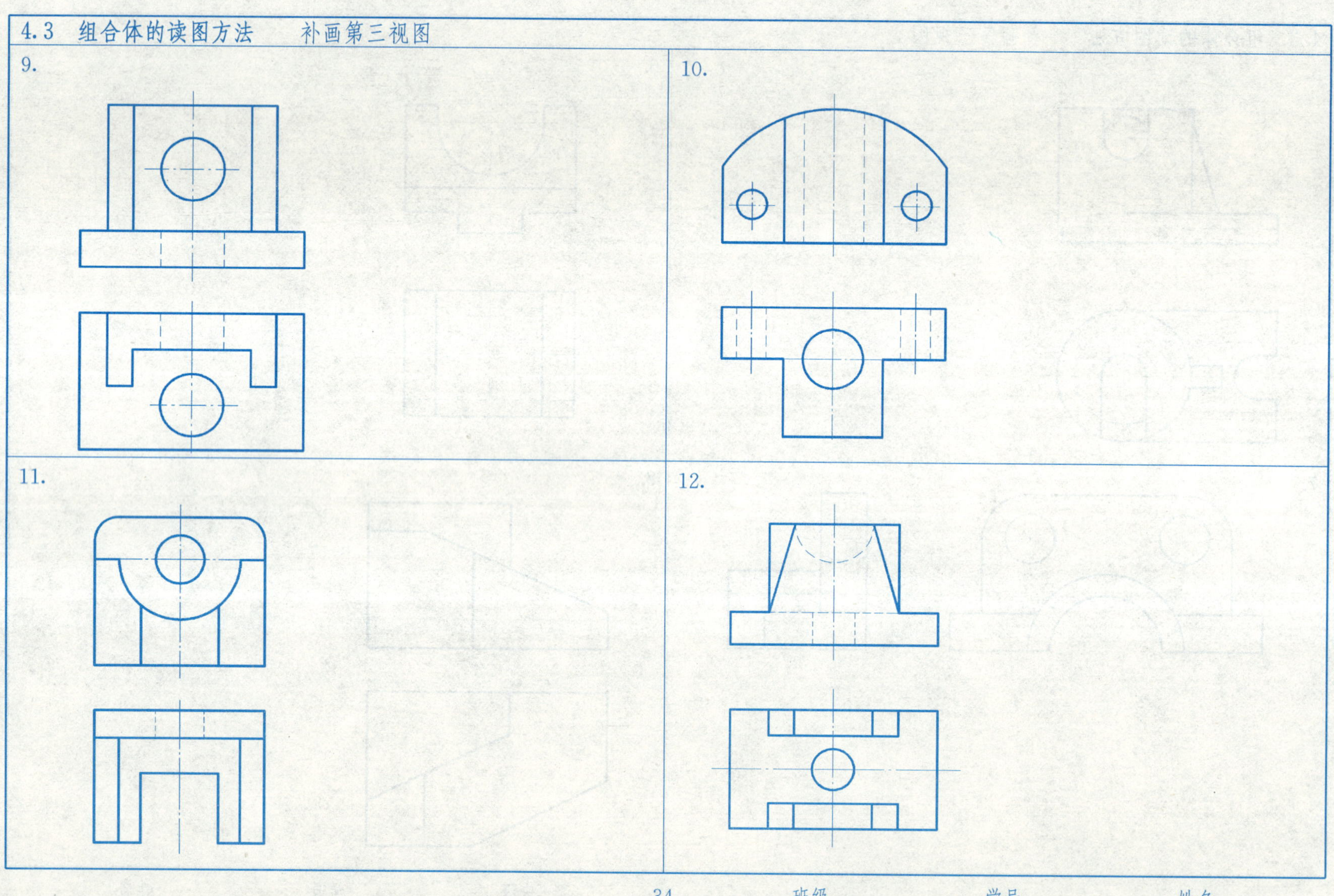

 班级 学号 姓名

5.1　视图

看懂三视图，在指定位置补画右视图和后视图

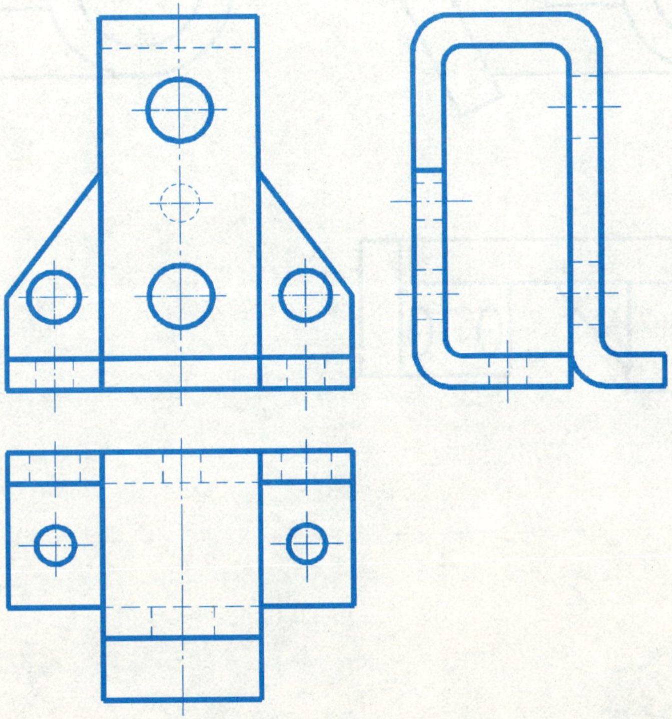

5.1 视图　　将俯视图重新绘制成局部视图，并补画 A 向斜视图

A

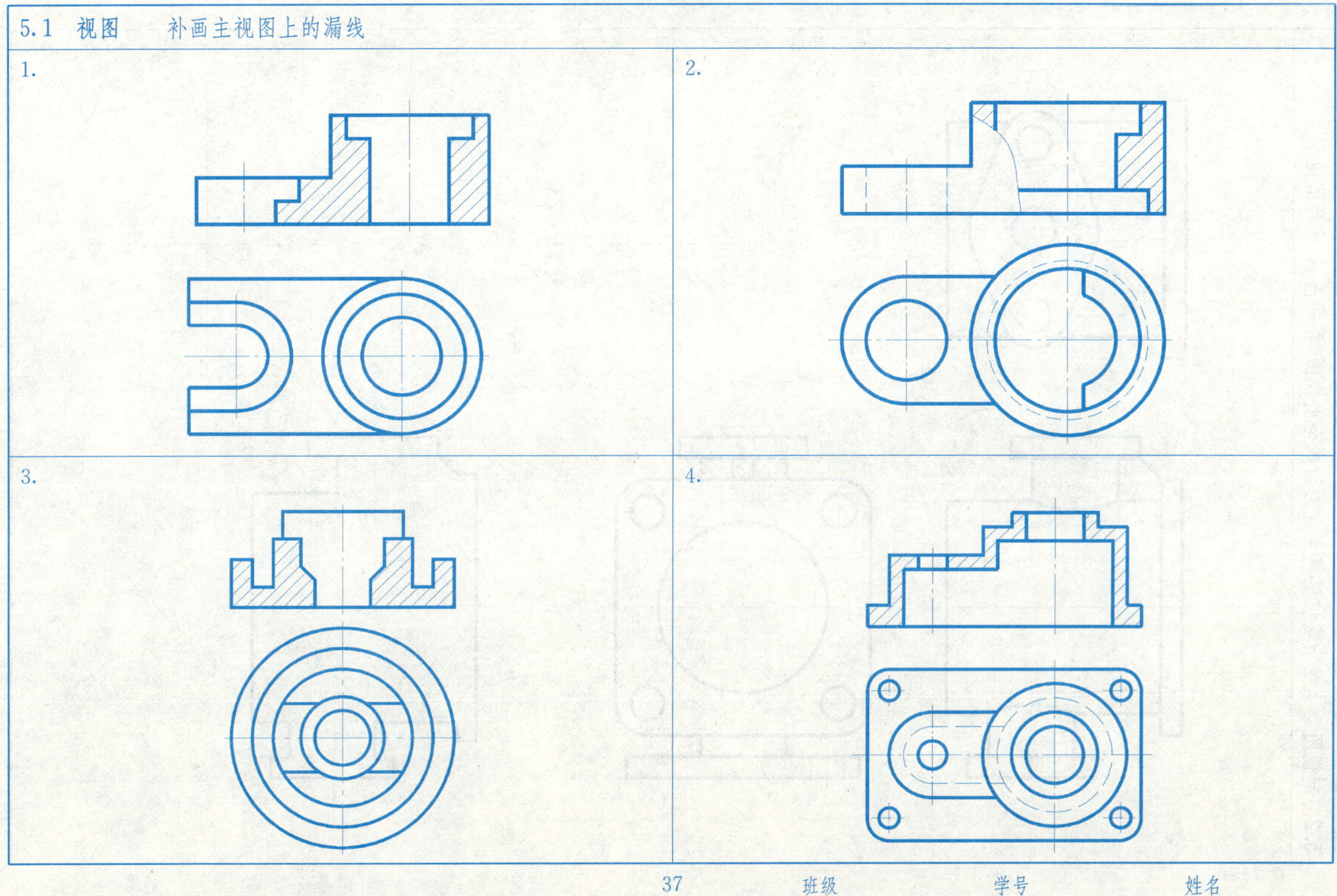
5.1 视图 补画主视图上的漏线
1.
2.
3.
4.

5.2 剖视图　在指定位置将主视图画成全剖视图,并画出 A、B 局部视图

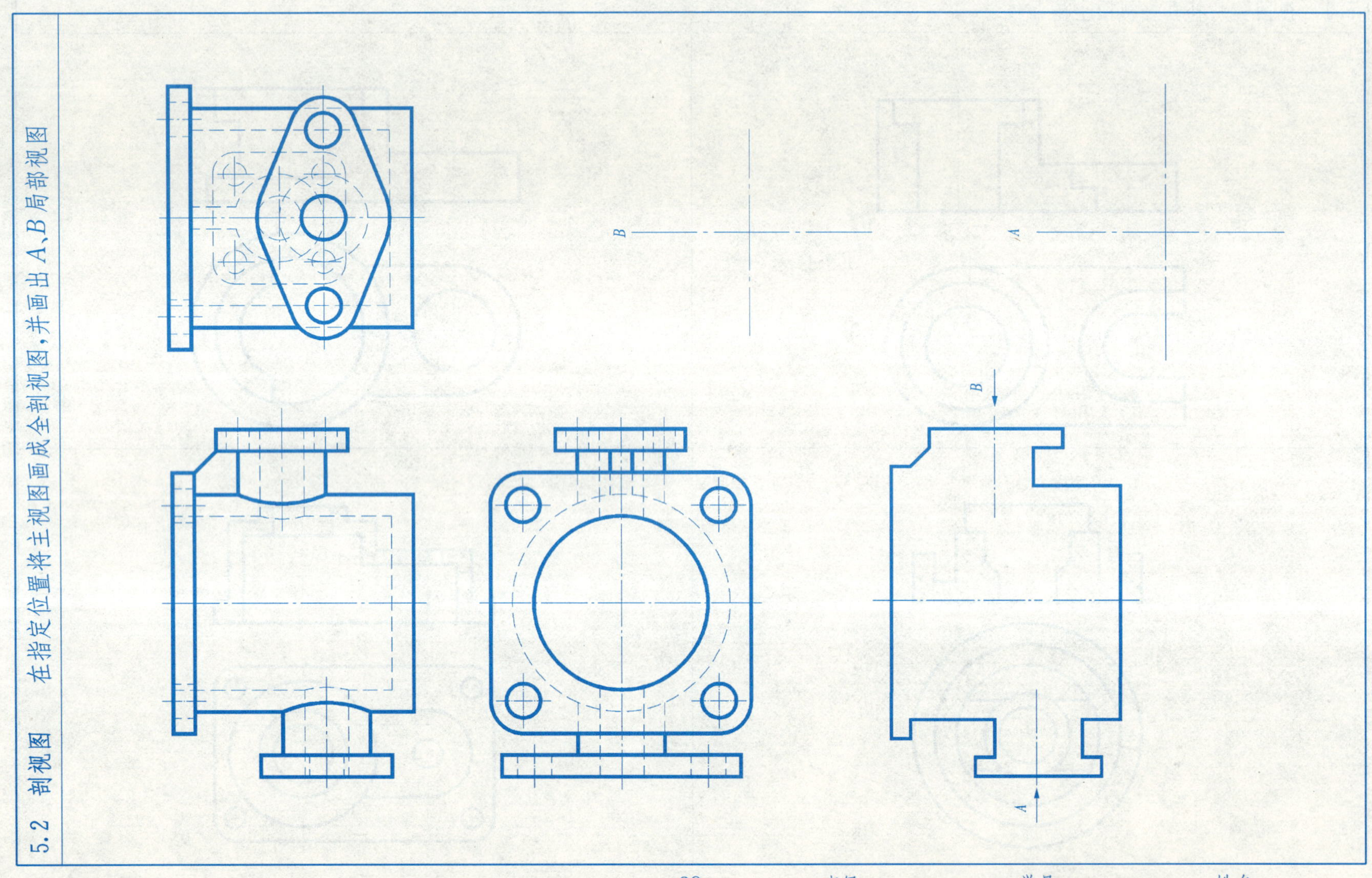

　班级　　学号　　姓名

5.2 剖视图　将主、左视图重画成半剖视图

将主、俯视图重新绘制成局部剖视图

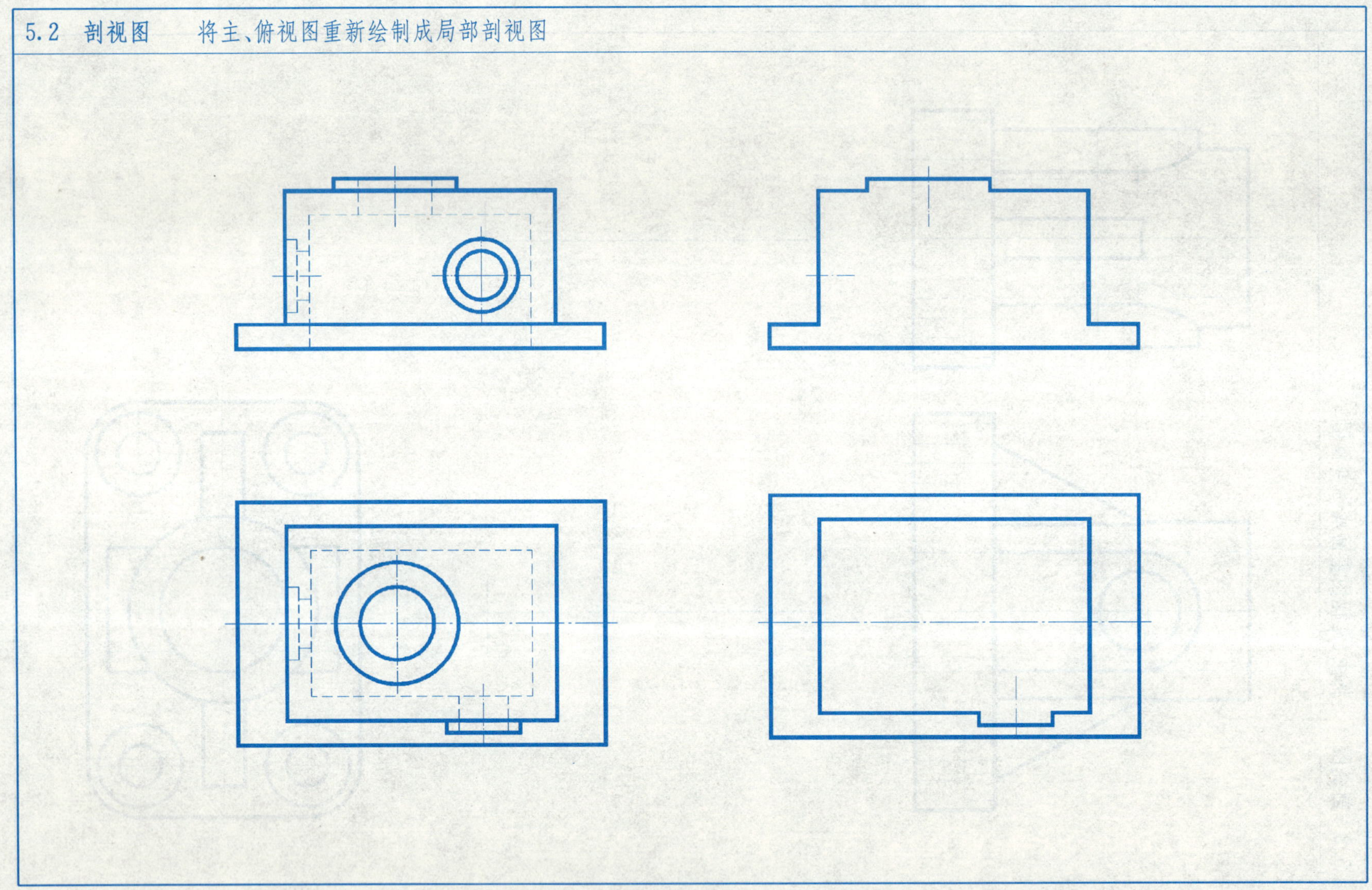

 班级 学号 姓名

5.2 剖视图　　将主视图画成旋转剖视图，并画出 B 向局部视图

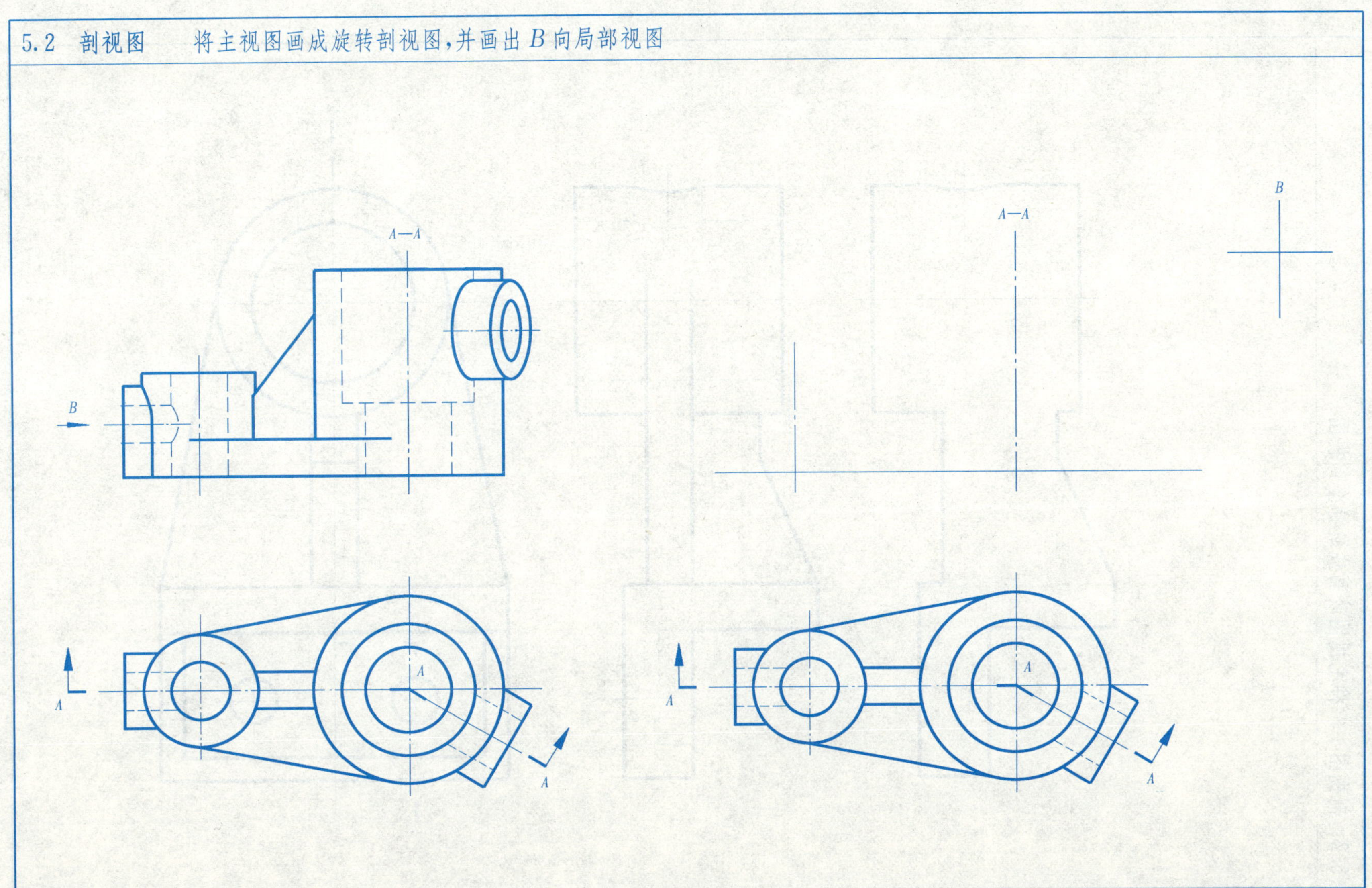

5.2 剖视图 将主视图改画成阶梯全剖视图

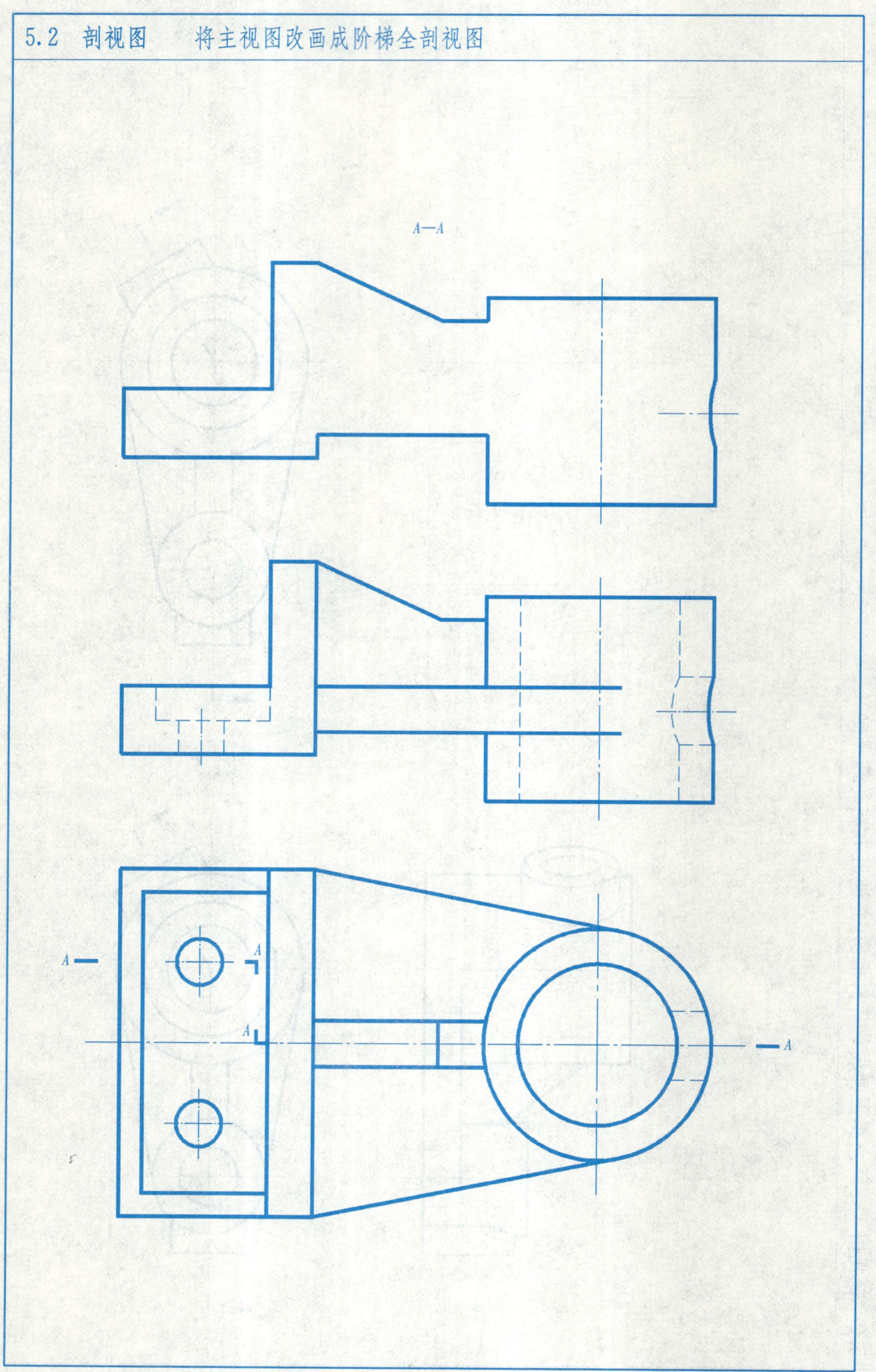

班级

学号

姓名

5.2 剖视图　　画出 A—A 斜剖视图

5.3 断面图　　作 A—A 移出断面图

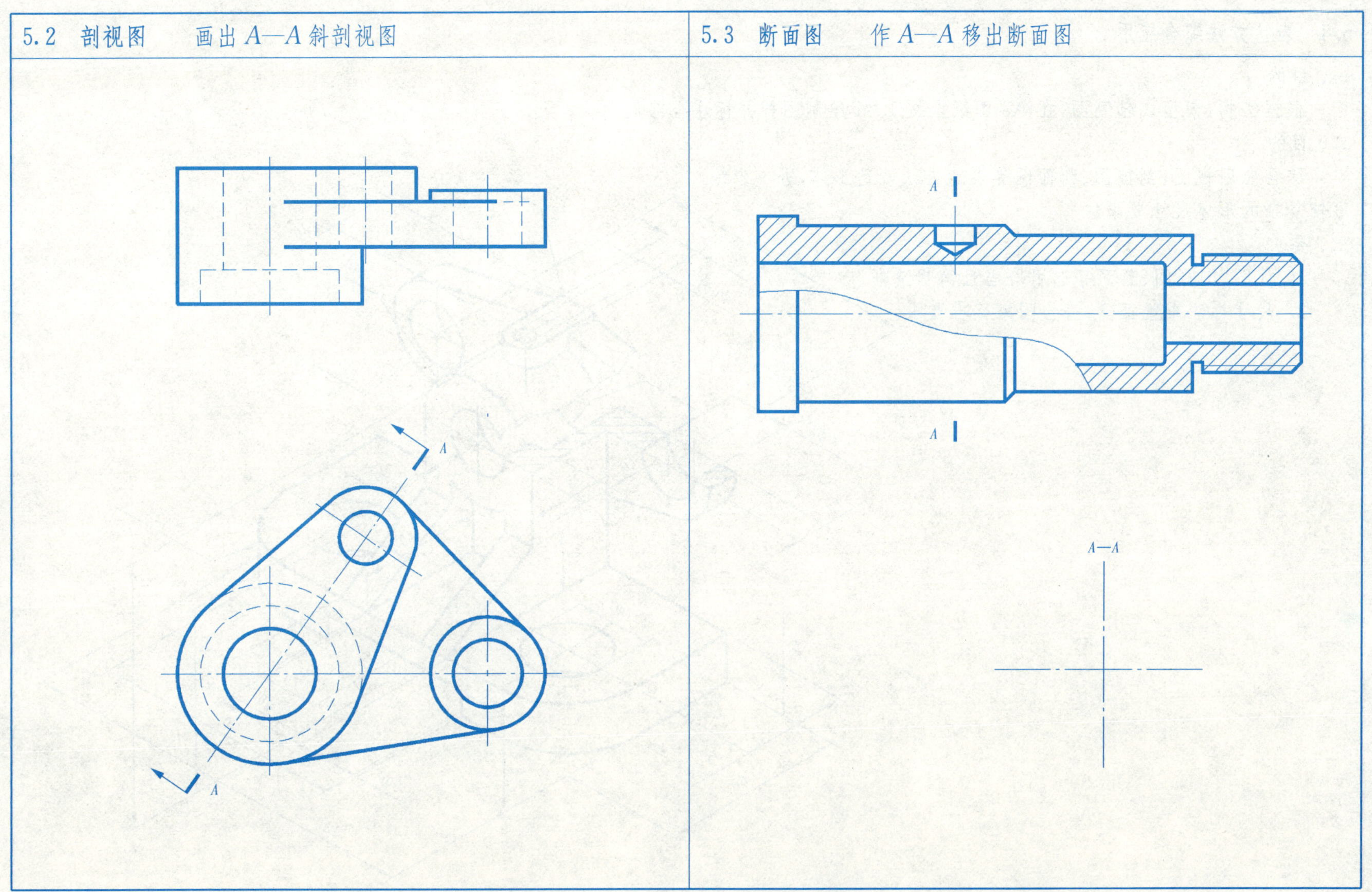

班级　　　　学号　　　　姓名

5.4 表达方法综合应用

一、目的

根据实物、模型或轴测图，在A3图纸上按1∶1绘制图样并标注全部尺寸。

二、目的

综合应用视图、剖视图、断面图等表达方法表达形体，进一步练习较复杂的形体尺寸要求。

三、要求

1. 视图、剖视图、断面等选用恰当且简明清晰。
2. 尺寸标注布置正确，符合国家标准要求。

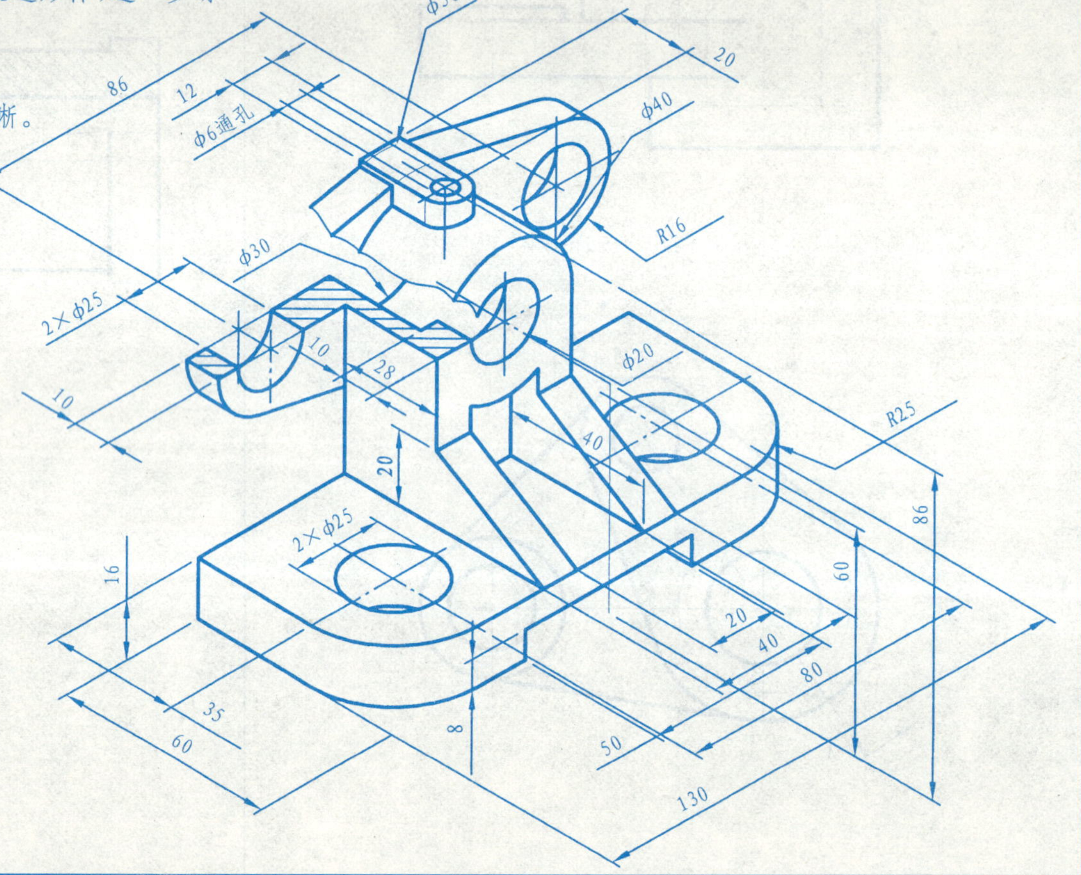

第6章　标准件和常用件

6.1　螺纹　　找出下列螺纹画法中的错误，将正确的图画在下边

1.

2.

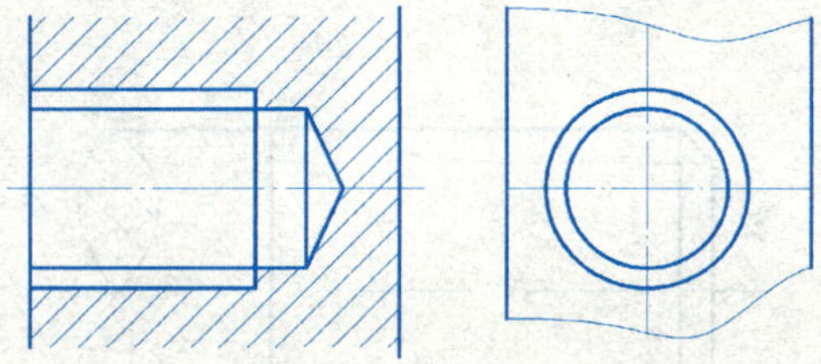

3.

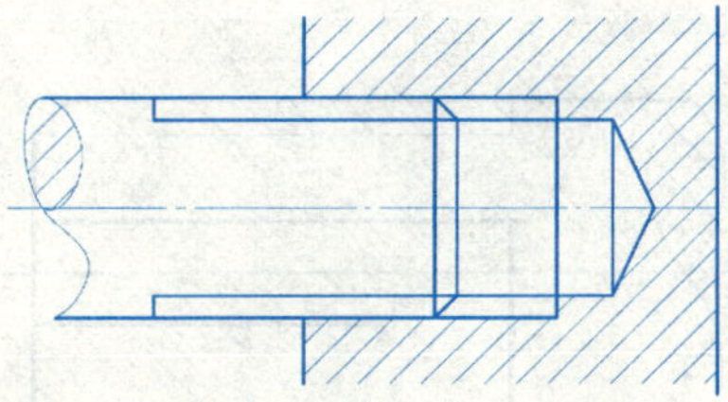

4.

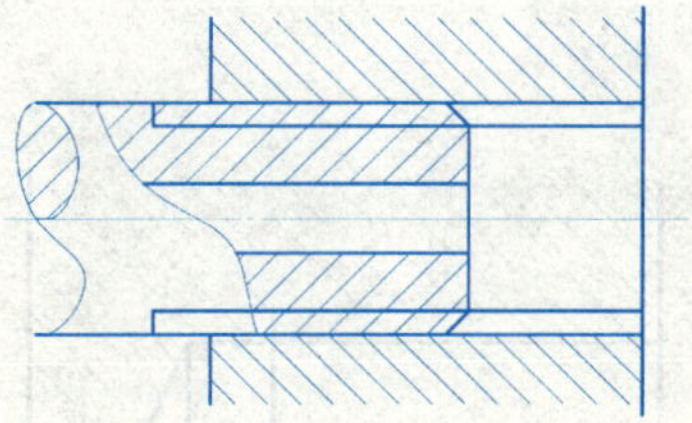

6.1 螺纹　按下列给定条件及参数,在图上标注出螺纹标记

1. 普通螺纹:$d=20$,$p=2.5$ 右旋,中、顶径公差代代号 6g,旋入长度代号为 L。

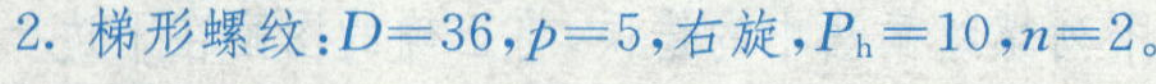

2. 梯形螺纹:$D=36$,$p=5$,右旋,$P_h=10$,$n=2$。

3. 普通细牙螺纹:$D=20$,$p=1.5$,左旋,中、顶径公差代代号 6H,旋入长度代号为 N。

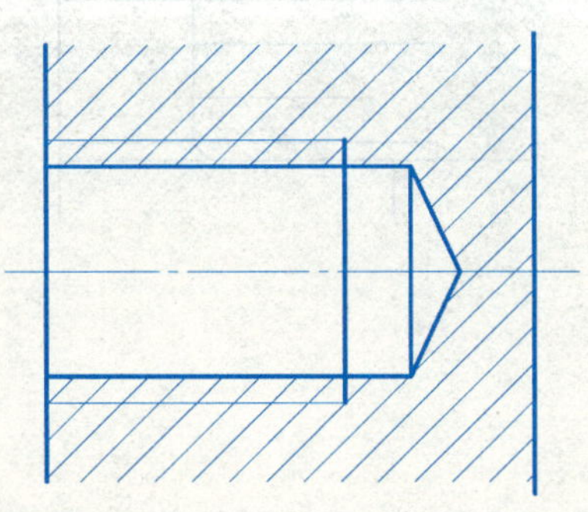

4. 非螺纹密封管螺纹:尺寸代号为 1,公差等级为 A 级,右旋。

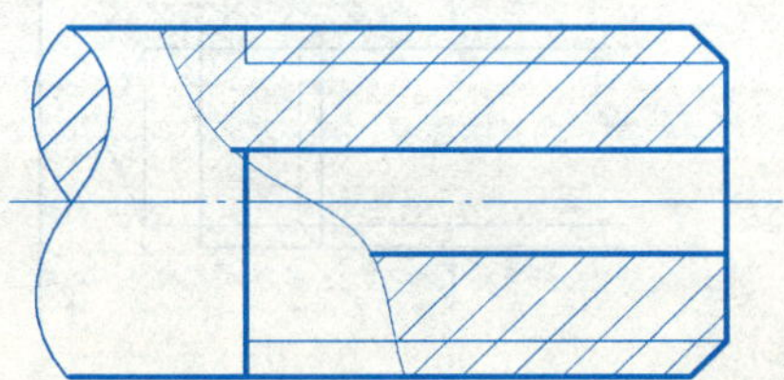

班级　　　　学号　　　　姓名

6.2 螺纹紧固件及其连接

图名：螺栓连接

图幅：A3

比例：1∶1

一、作业内容

画螺栓连接图，标注主要尺寸，并作规定标记。

螺纹规格 d=24mm，被连接的金属板厚度：$\delta_1=\delta_2=40$mm。

选用六角头螺栓、平垫圈、I 型六角螺母均为 A 级。

二、作业要求

1. 用比例关系计算螺纹紧固件尺寸，查表选标准值，定标记。
2. 画主、俯、左三视图（左视图不剖），螺栓、螺母可采用简化画法。
3. 标注主要尺寸（d，δ_1，δ_2，L 的数值）。
4. 在图形下方写出螺纹紧固件的规定标记。

6.3 齿轮　　完成直齿圆柱齿轮的主、左视图，并标注尺寸(模数为3，齿数34)

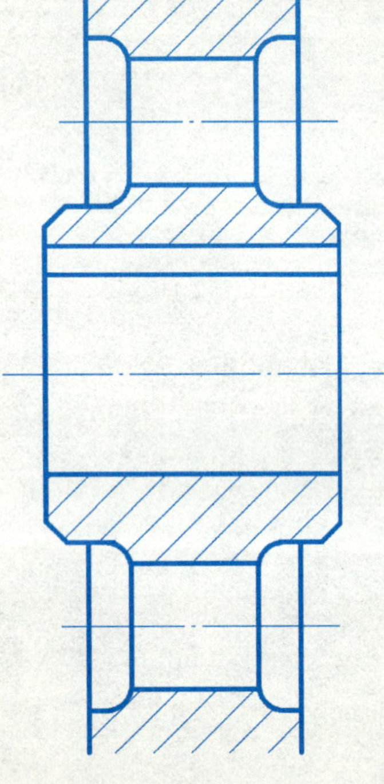

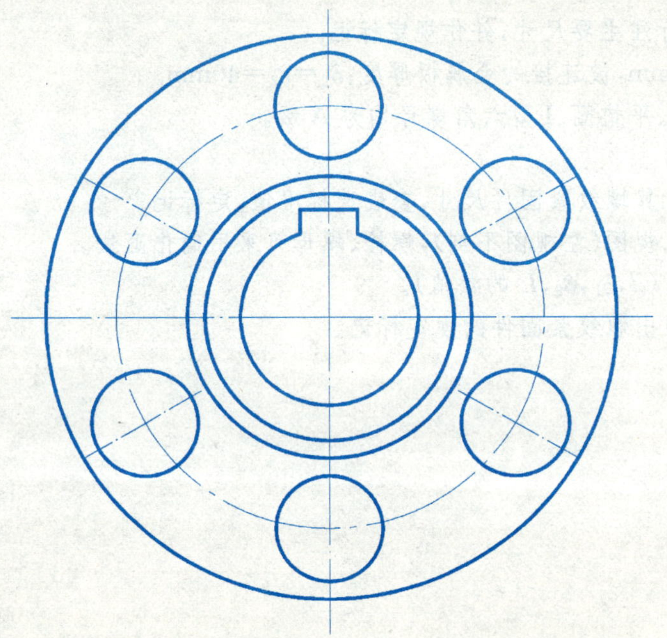

6.3 齿轮 完成主、左视图齿轮啮合图

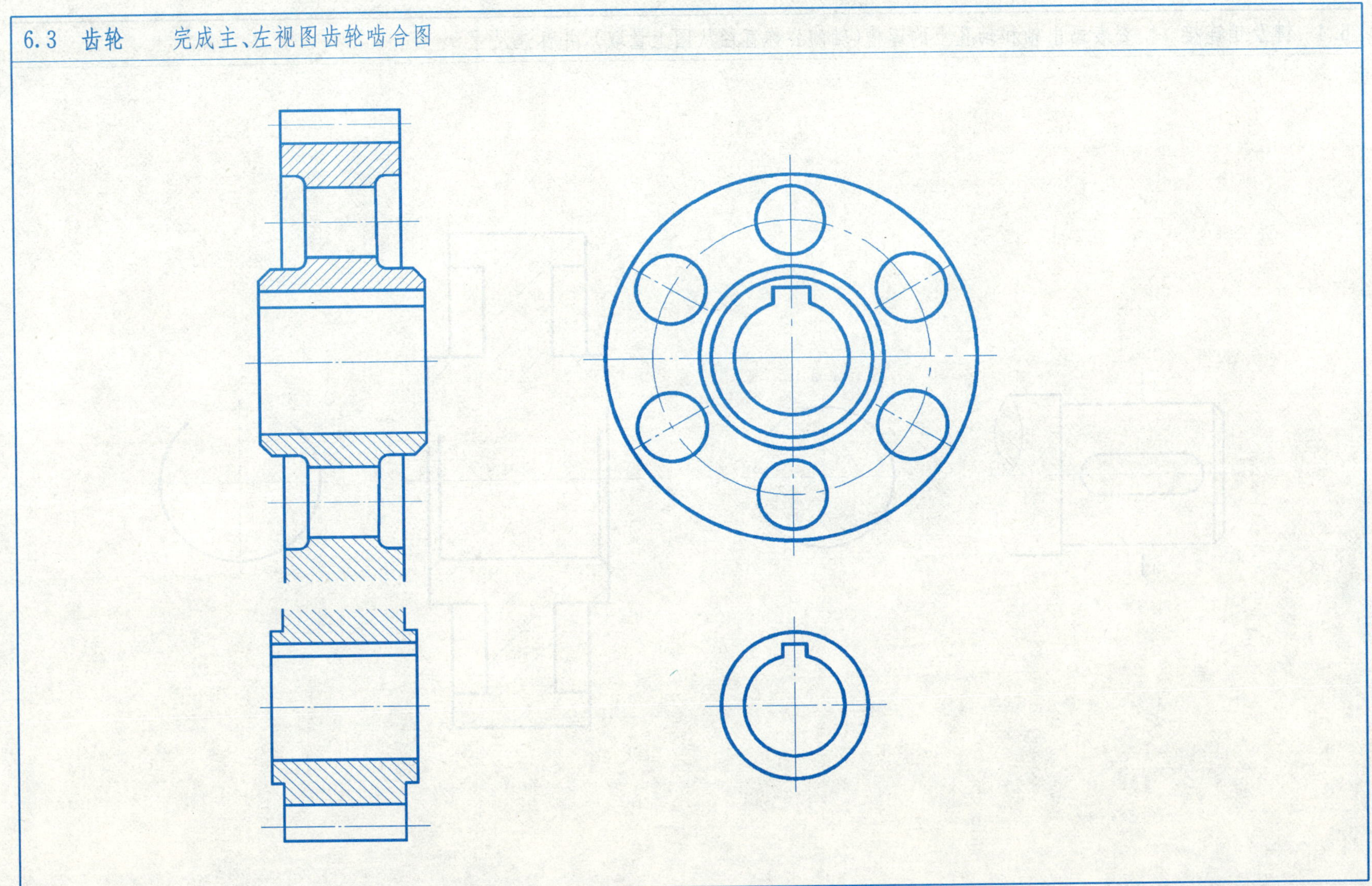

 班级 学号 姓名

6.4 键及销连接 查表画出轴和轴孔上的键槽(轴的公称直径从图上量取),并标注尺寸

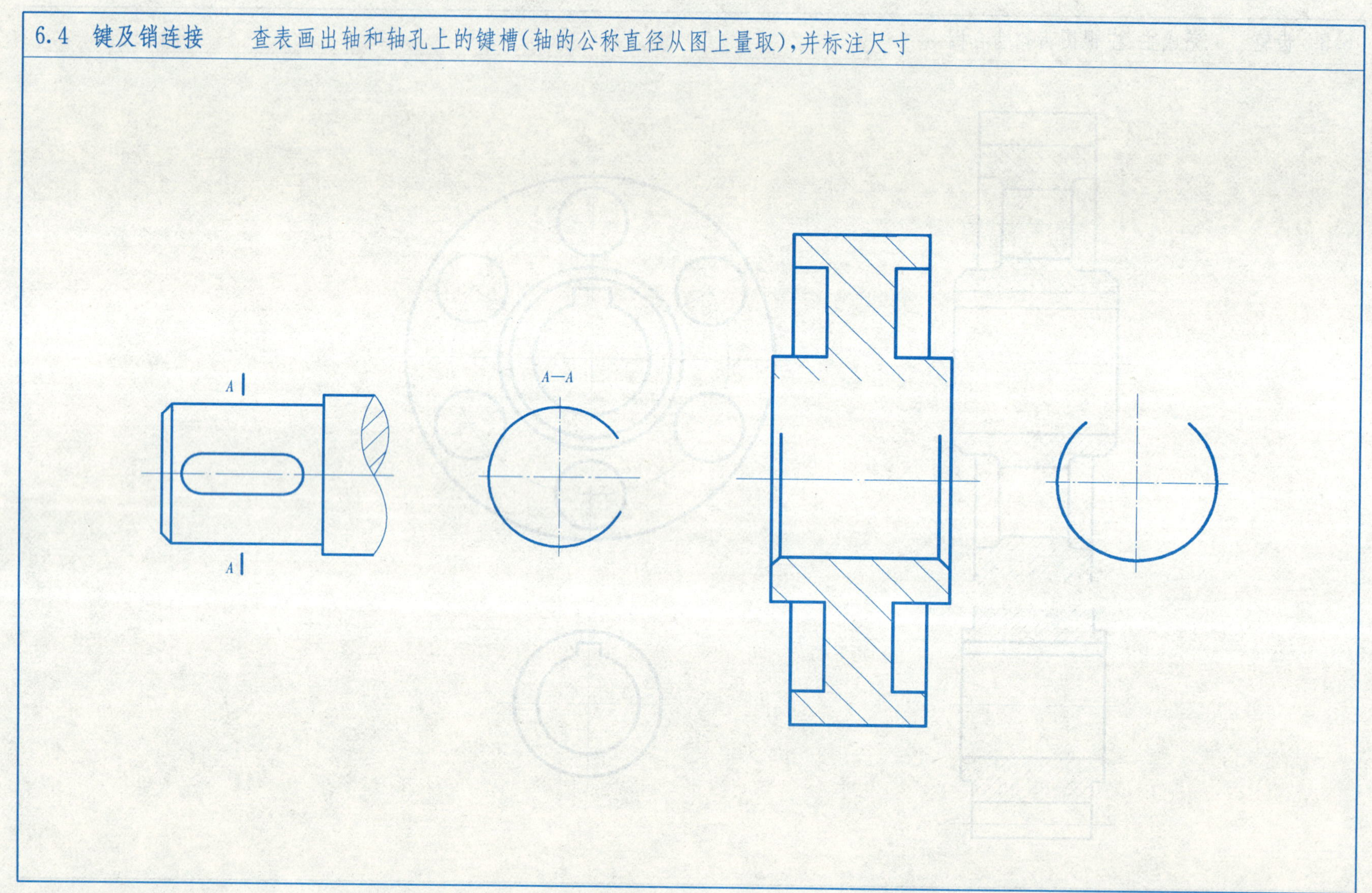

画出普通平键连接装配图(轴的公称直径从图上量取)

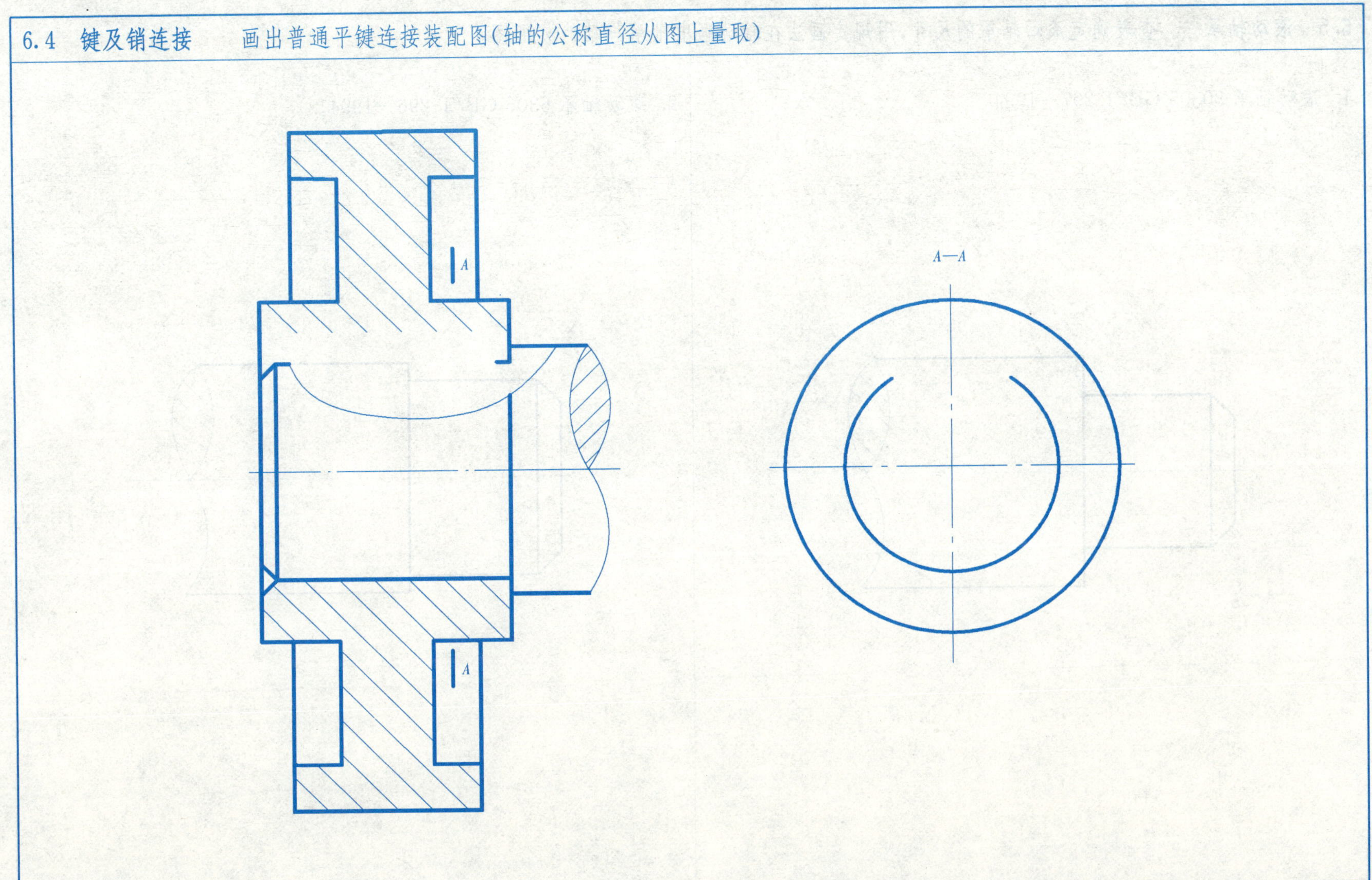

 班级 学号 姓名

6.5 滚动轴承　查表确定滚动轴承的尺寸，用规定画法在轴端画出轴承与轴的装配图

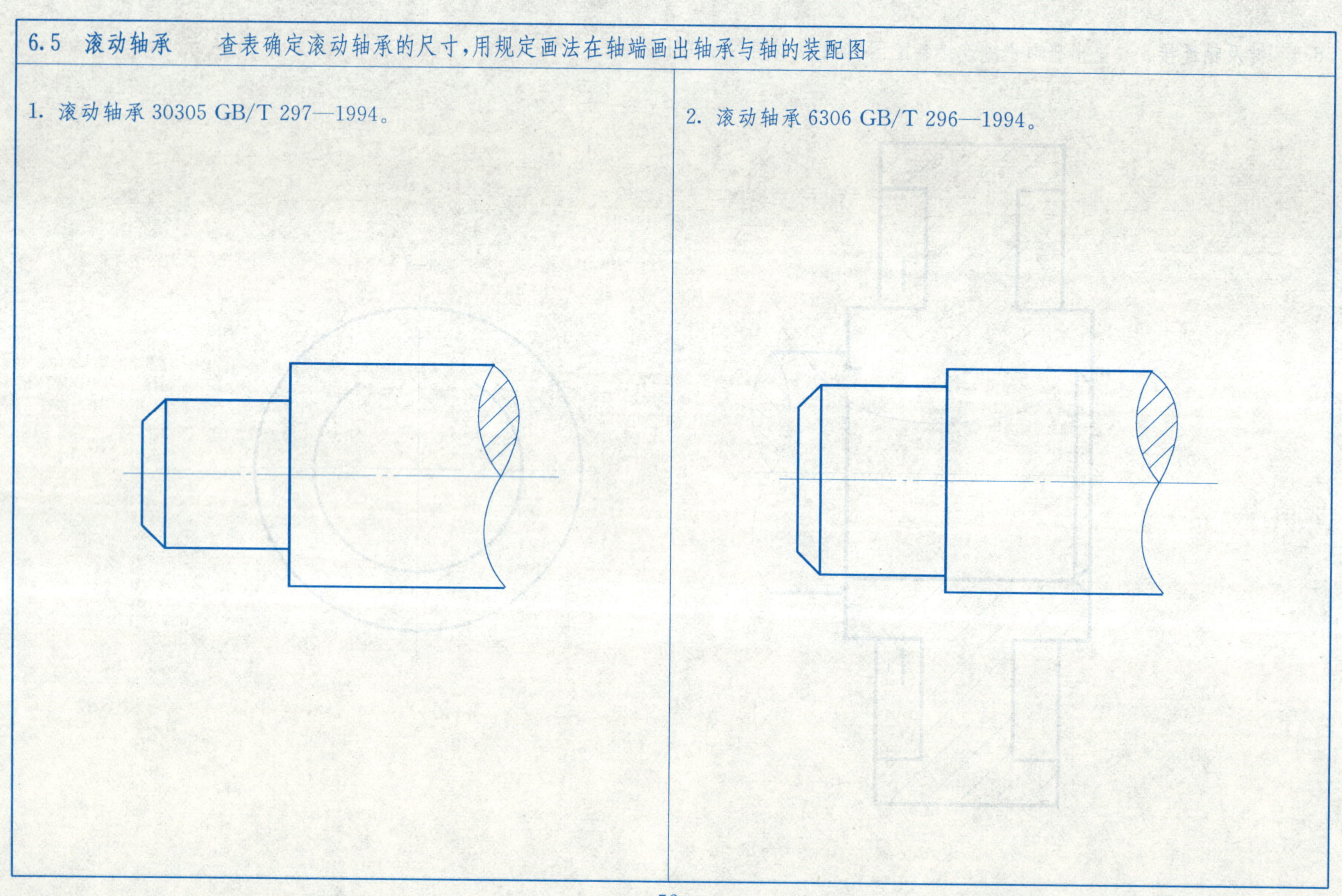

　班级　　学号　　姓名

6.6 弹簧　已知圆柱螺旋压缩弹簧的弹簧钢丝直径 $d=5$,弹簧外径 $D=42$,节距 $t=10$,有效圈数 $n=6$,支撑圈数 $n_0=2.5$,右旋,画出弹簧的剖视图

　班级　　学号　　姓名

第7章　零件图

7.1　零件图的视图选择和尺寸标注

1. 选择合适的图纸和比例，绘制图示壳体零件图，尺寸从视图和轴测图中量取整数。

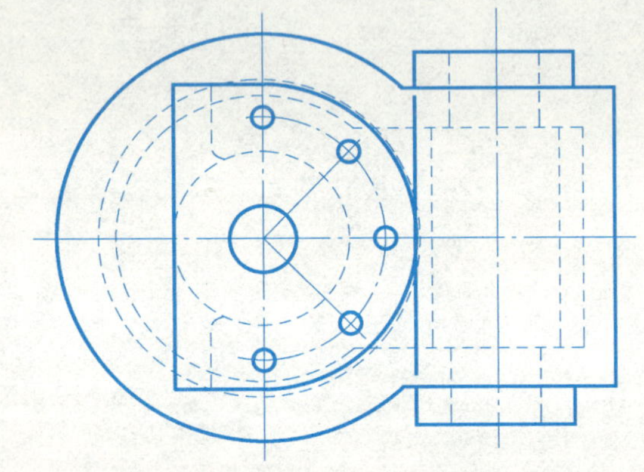

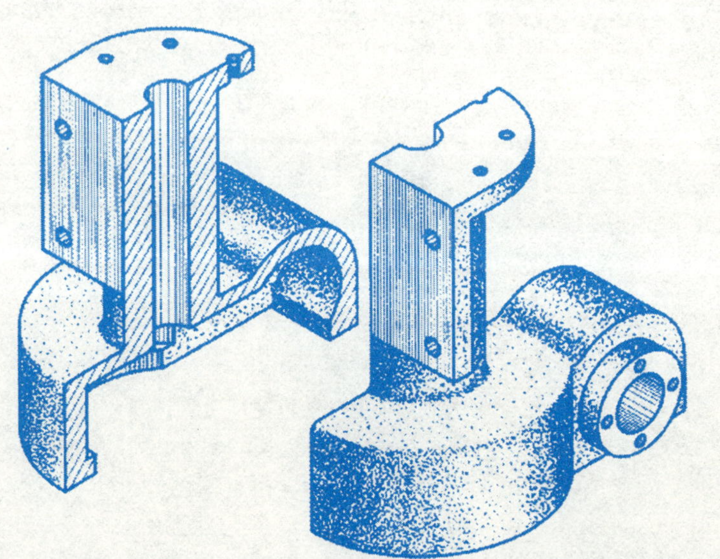

2. 选择合适的图纸和比例，绘制图示壳体的零件图，尺寸从视图和轴测图中量取整数。

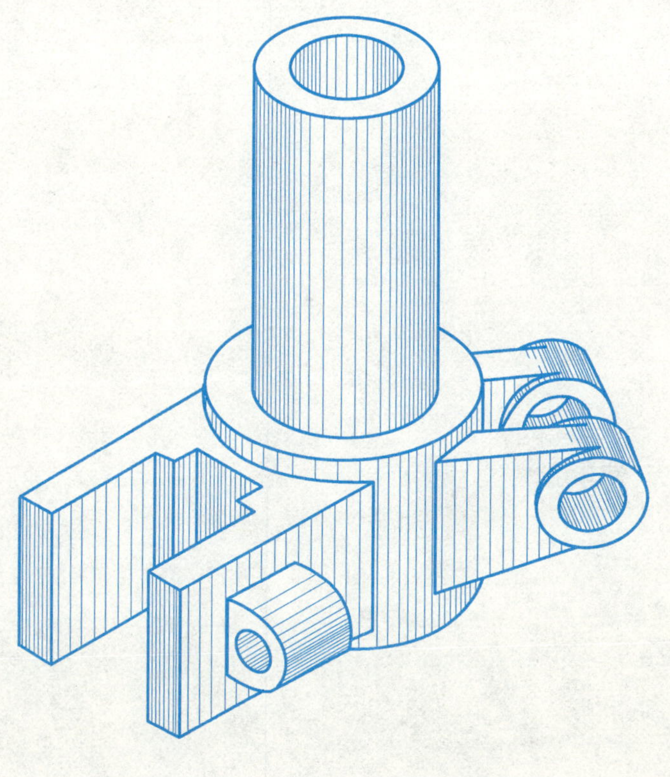

7.2 零件图技术要求的注写

通过查表计算确定下列孔、轴配合的极限偏差，并画出其公差带图确定其配合种类

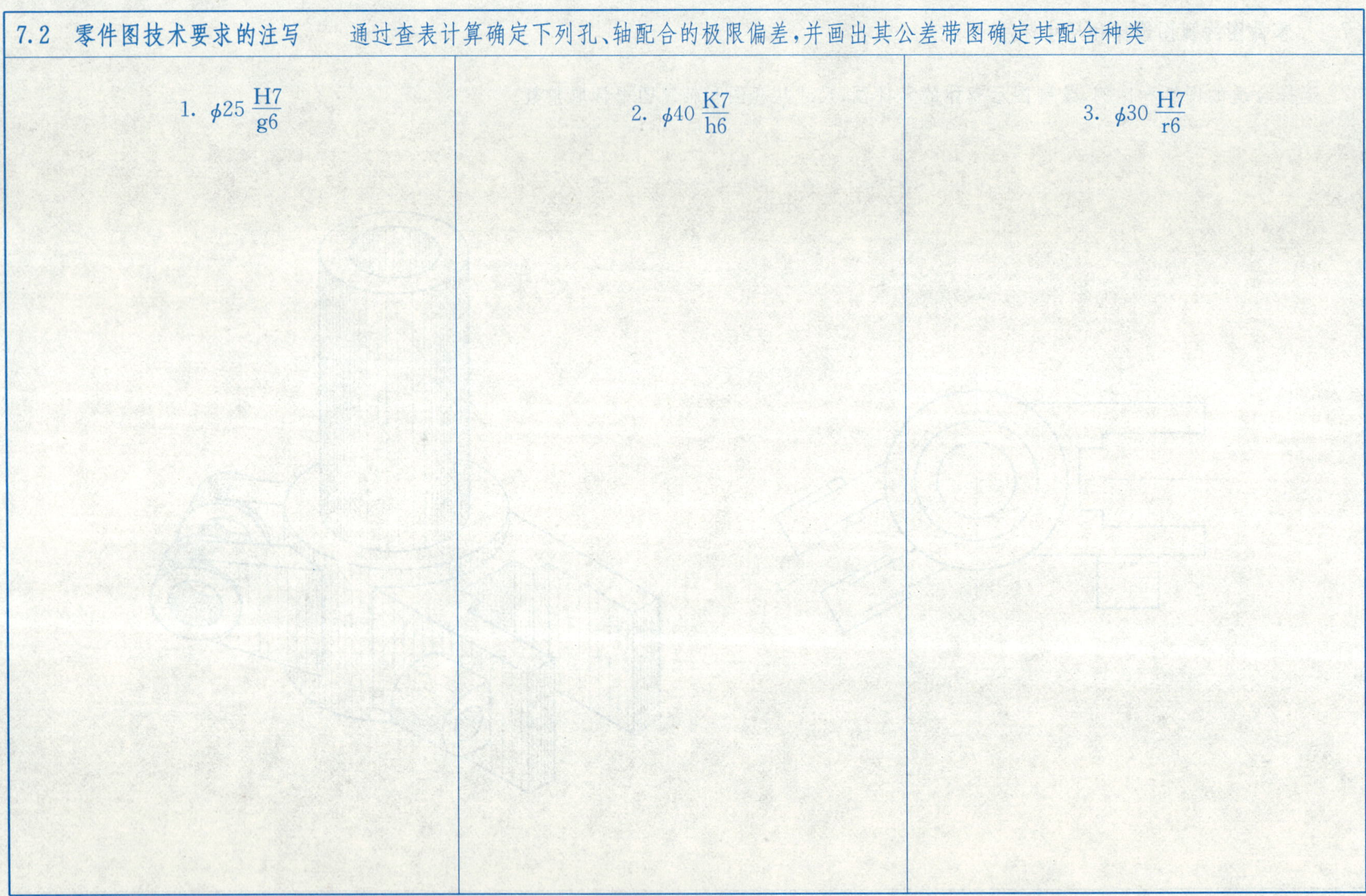

1. $\phi 25\frac{H7}{g6}$	2. $\phi 40\frac{K7}{h6}$	3. $\phi 30\frac{H7}{r6}$

班级　　学号　　姓名

7.2 零件图技术要求的注写　　根据零件图上的尺寸公差，查出其公差带号，并在装配图上标注相应的配合代号

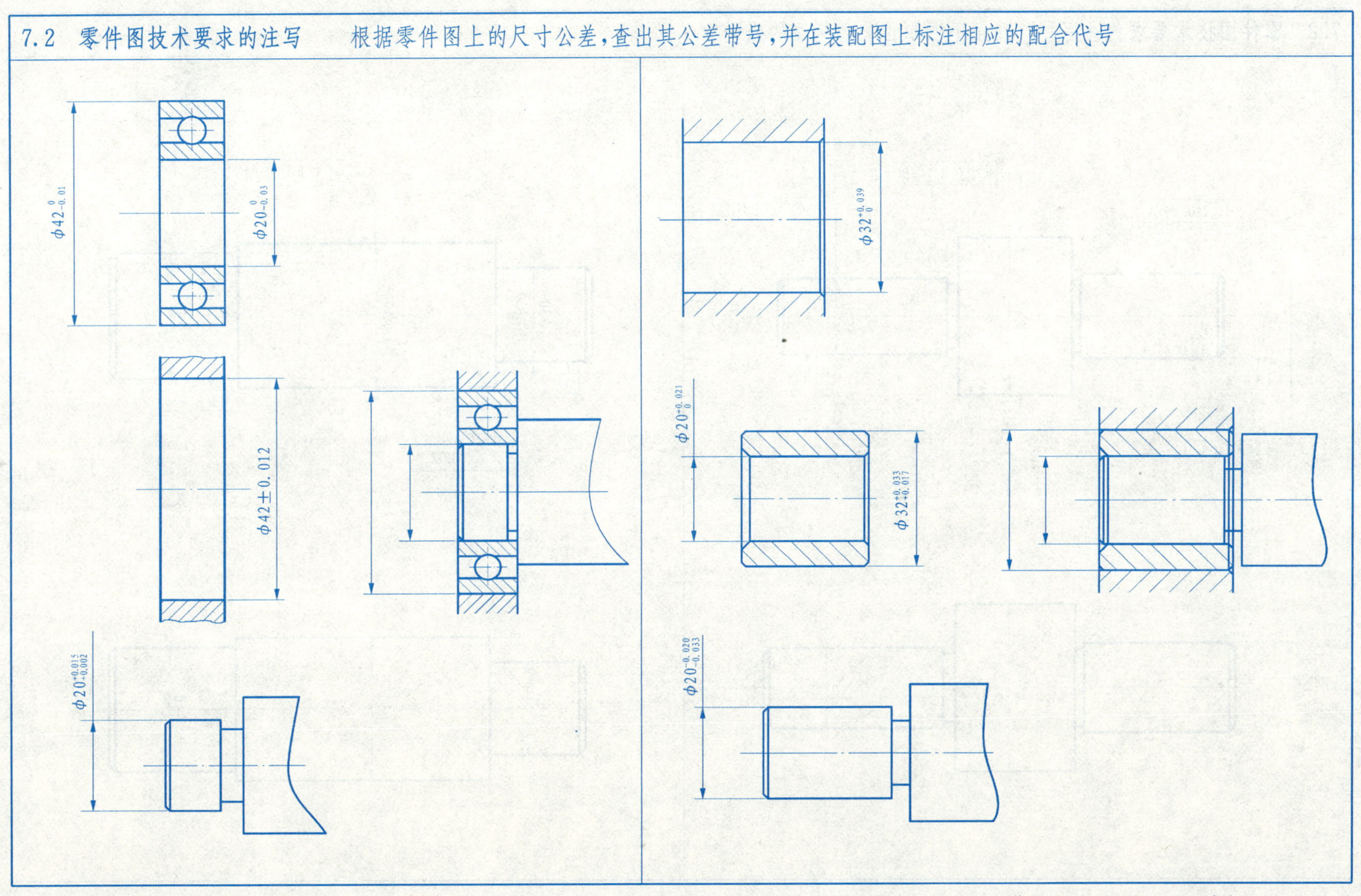

　班级　　学号　　姓名

7.2 零件图技术要求的注写　　改正下图形位公差标注的错误

1.　　　　2.

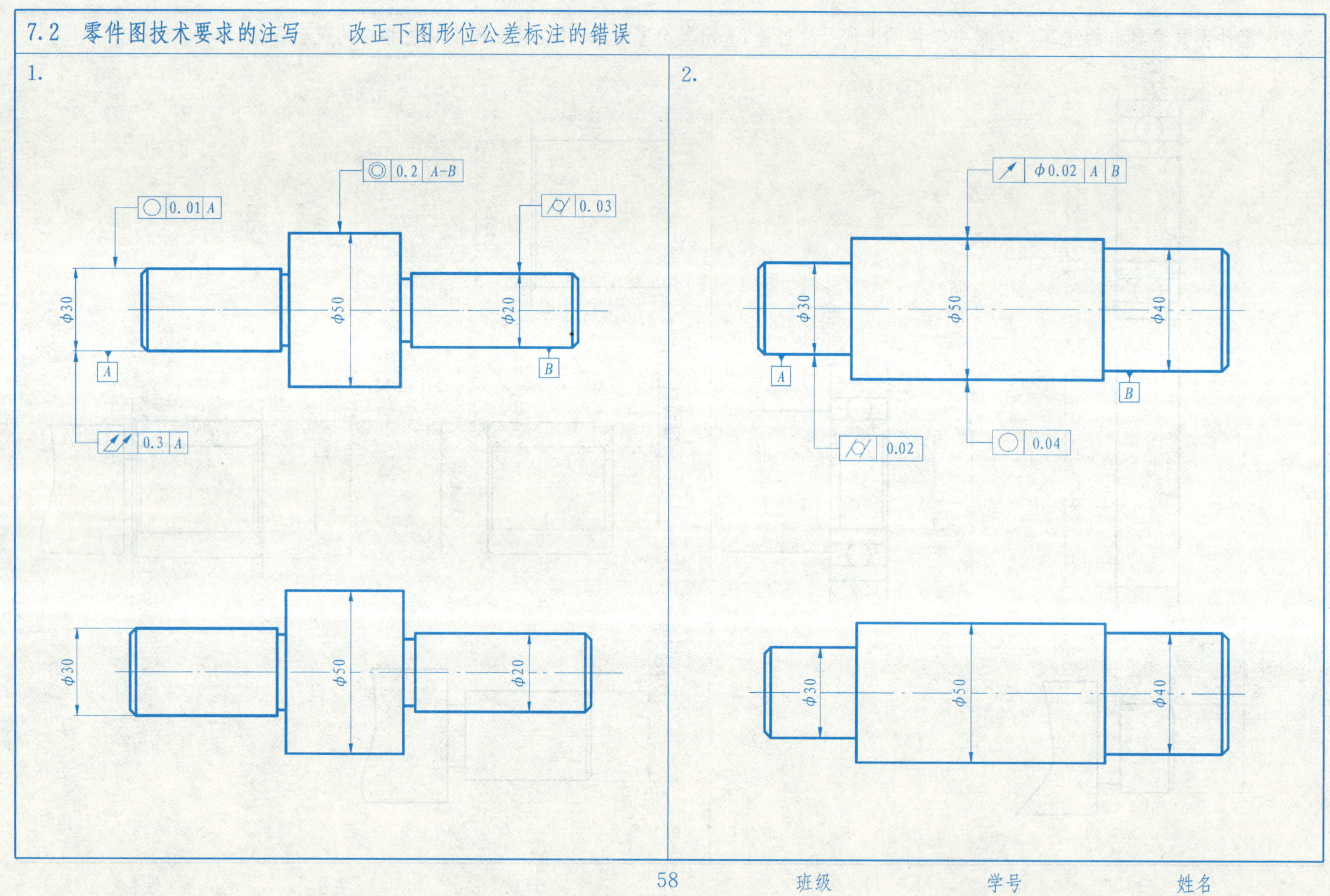

班级　　　　学号　　　　姓名

7.2 零件图技术要求的注写 改正下图形位公差标注的错误

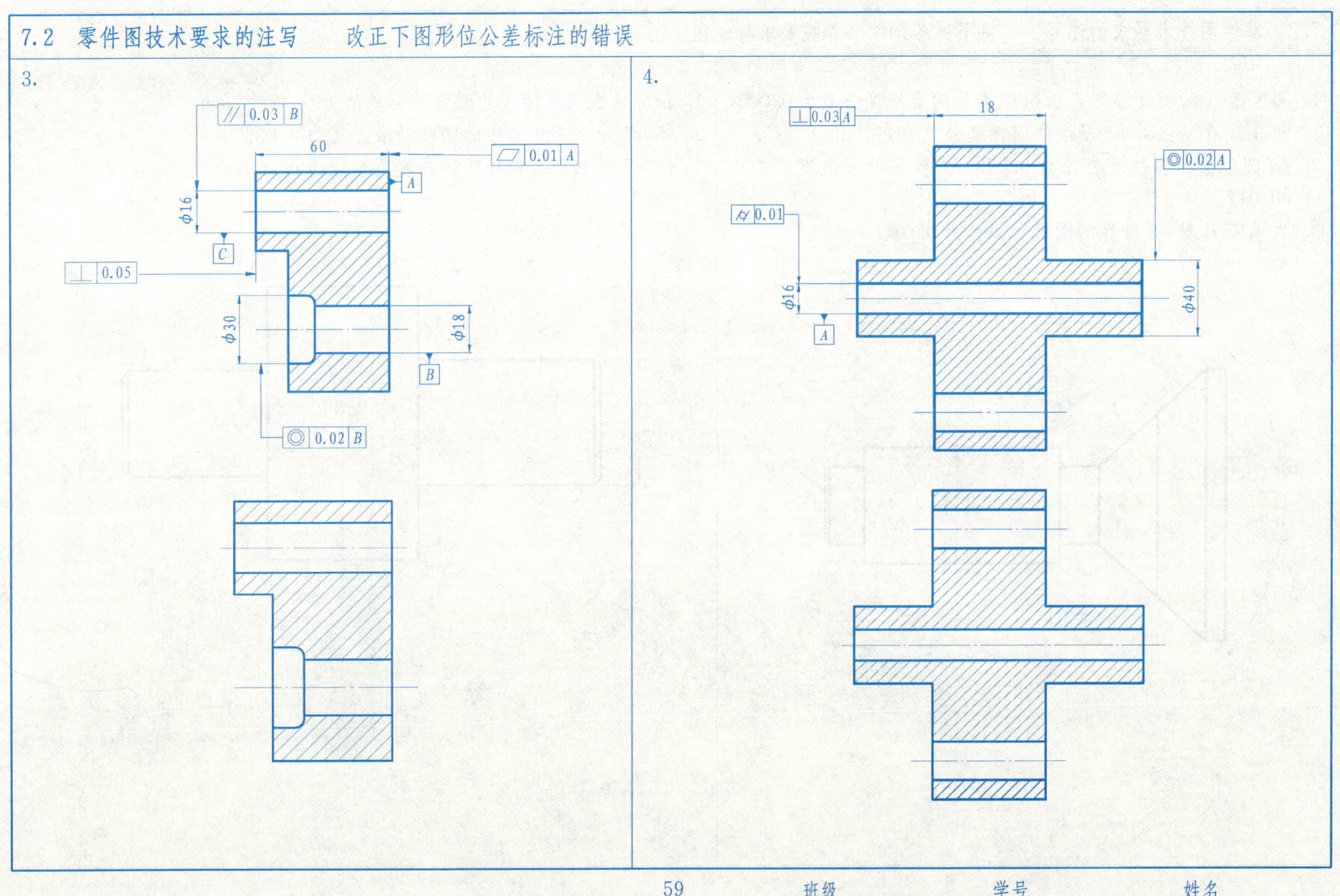

7.2 零件图技术要求的注写　　将下列各形位公差按要求标注在下图

1. 圆锥面 A 的圆度公差为 0.006、素线的直线度公差为 0.005，圆锥面 A 轴线对 ϕd 轴线的同轴度公差为 ϕ0.015。
2. ϕd 圆柱面的圆柱度公差为 0.009，ϕd 轴线的直线度公差为 ϕ0.012。
3. 右端面 B 对 ϕd 轴线的圆跳动公差为 0.01。

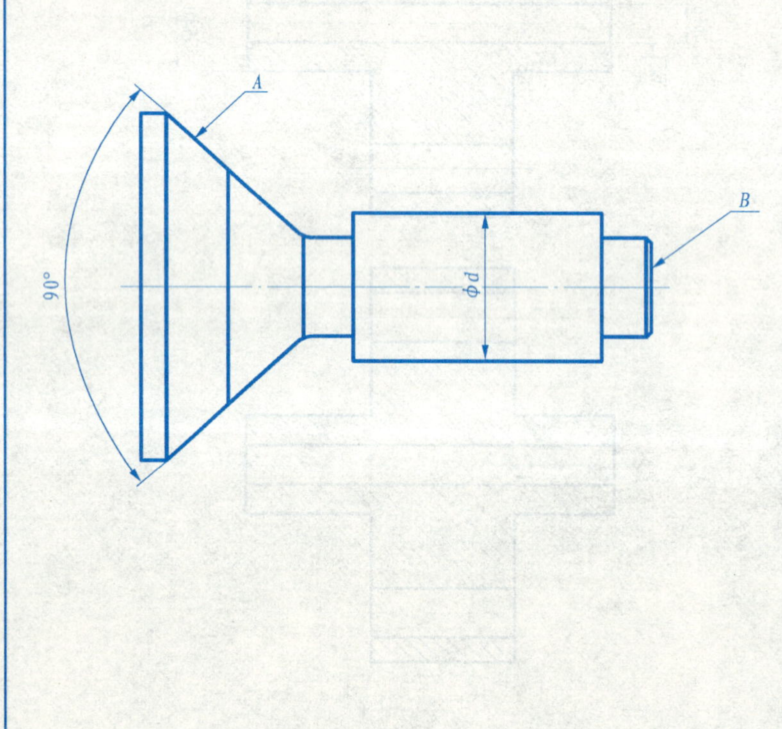

1. 轴肩对 ϕ26h6 轴线的圆跳动公差值为 0.03。
2. ϕ50r7 对 ϕ26h6 轴线的圆跳动公差值为 0.03。
3. ϕ50r7 对 ϕ26h6 轴线的同轴度公差值为 0.03。

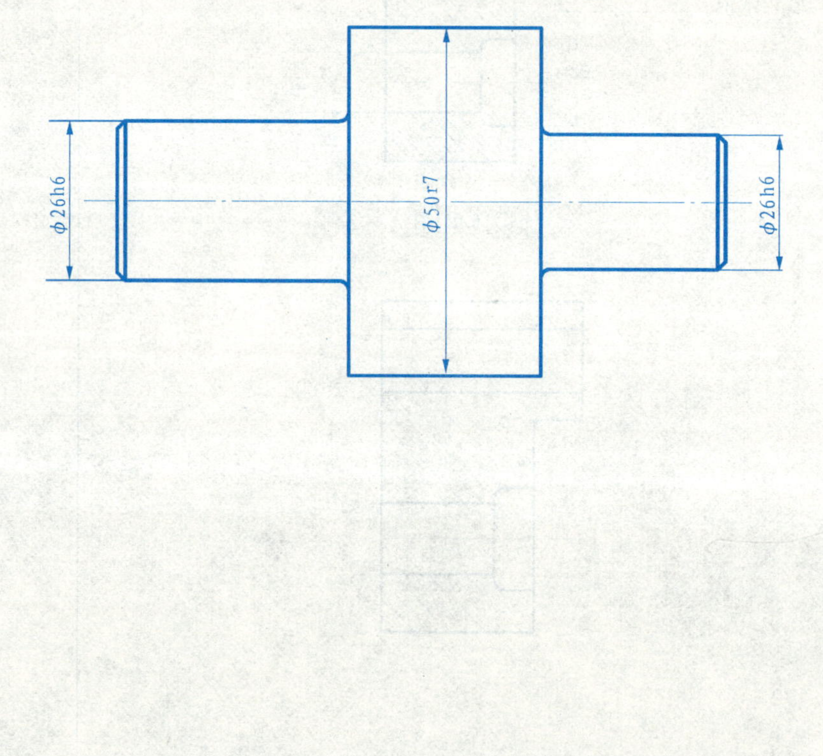

7.2 零件图技术要求的注写　　根据给定要求，标注表面粗糙度（均为 Ra 值）

1. 120°锥面的粗糙度值为 6.3μm。
2. ϕ38 圆柱面的粗糙度值为 3.2μm。
3. ϕ52 圆柱面的粗糙度值为 1.6μm。
4. ϕ27 圆柱面的粗糙度值为 0.8μm。
5. 左端面的粗糙度值为 3.2μm。
6. 右端面的粗糙度值为 6.3μm。
7. 其余为表面的粗糙度值为 12.5μm。

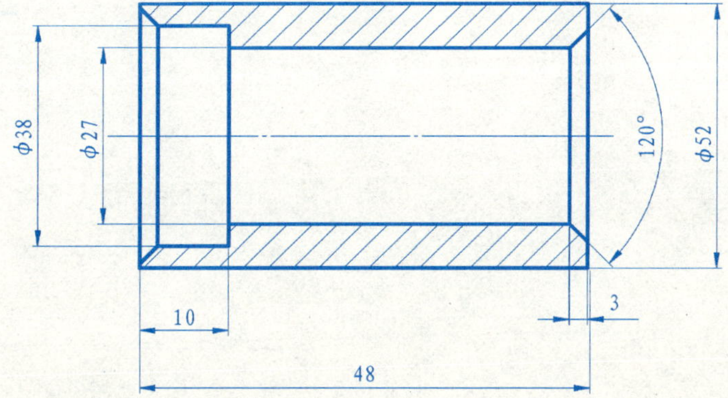

1. 轮齿齿侧（工作面）粗糙度值为 0.8μm。
2. 键槽双侧的表面粗糙度值为 3.2μm，槽底的粗糙度值为 6.3μm。
3. 轴孔和两端面的表面粗糙度值为 3.2μm，其余表面粗糙度值为 12.5μm。

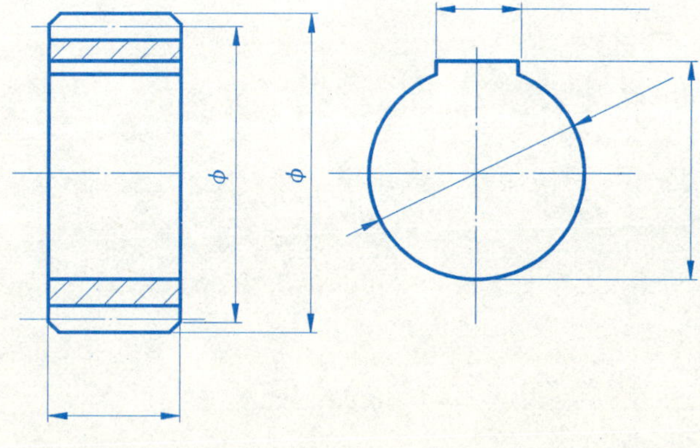

7.3 读零件图　　读轴零件图回答问题

1. 此零件采用了__________种表达方法，它们分别是______________________________。
2. 分析尺寸，轴向尺寸主要基准是_______，径向尺寸基准是______________________________。
3. $\phi32^{-0.025}_{-0.050}$的基准偏差代号是_______，精度等级是________________。
4. 将技术要求第二条，用框格法标注在图上。
5. 图上表面粗糙度要求最高的表面其 Ra 值是______________________________。
6. $\phi50\pm0.008$ 轴上键槽的定位尺寸是_______，定形尺寸是______________________________。

7.3 读零件图　读轴零件图回答问题

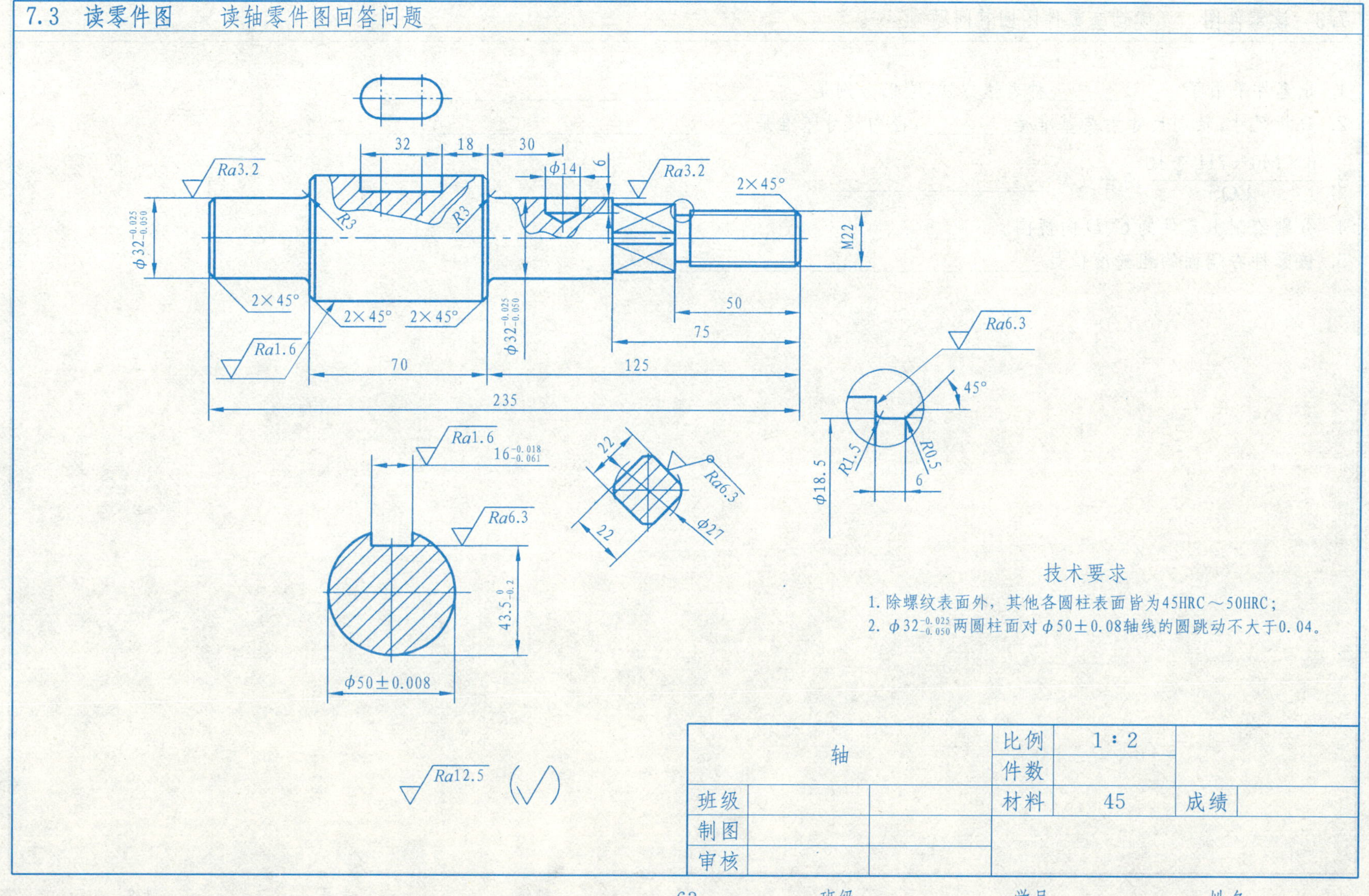

7.3 读零件图　读轴套零件图回答问题

1. 此零件采用了＿＿＿＿＿＿种表达方法，它们分别是＿＿＿＿＿＿＿＿＿＿＿＿＿＿＿＿＿＿＿＿。
2. 分析尺寸，轴向尺寸主要基准是＿＿＿＿，径向尺寸基准是＿＿＿＿＿＿＿＿＿＿＿＿＿＿＿＿＿＿＿＿。
3. $\frac{6\times M6-7H \ \overline{\downarrow}\ 10}{EQS}$ 的含义是＿＿＿＿＿＿＿＿＿＿。
4. 分别绘制出零件的 C、D 向视图。
5. 该零件右端面的粗糙度值是＿＿＿＿＿＿＿＿＿＿＿＿＿＿＿＿＿＿＿＿。

　班级　　　学号　　　姓名

7.3 读零件图　　读轴套零件图回答问题

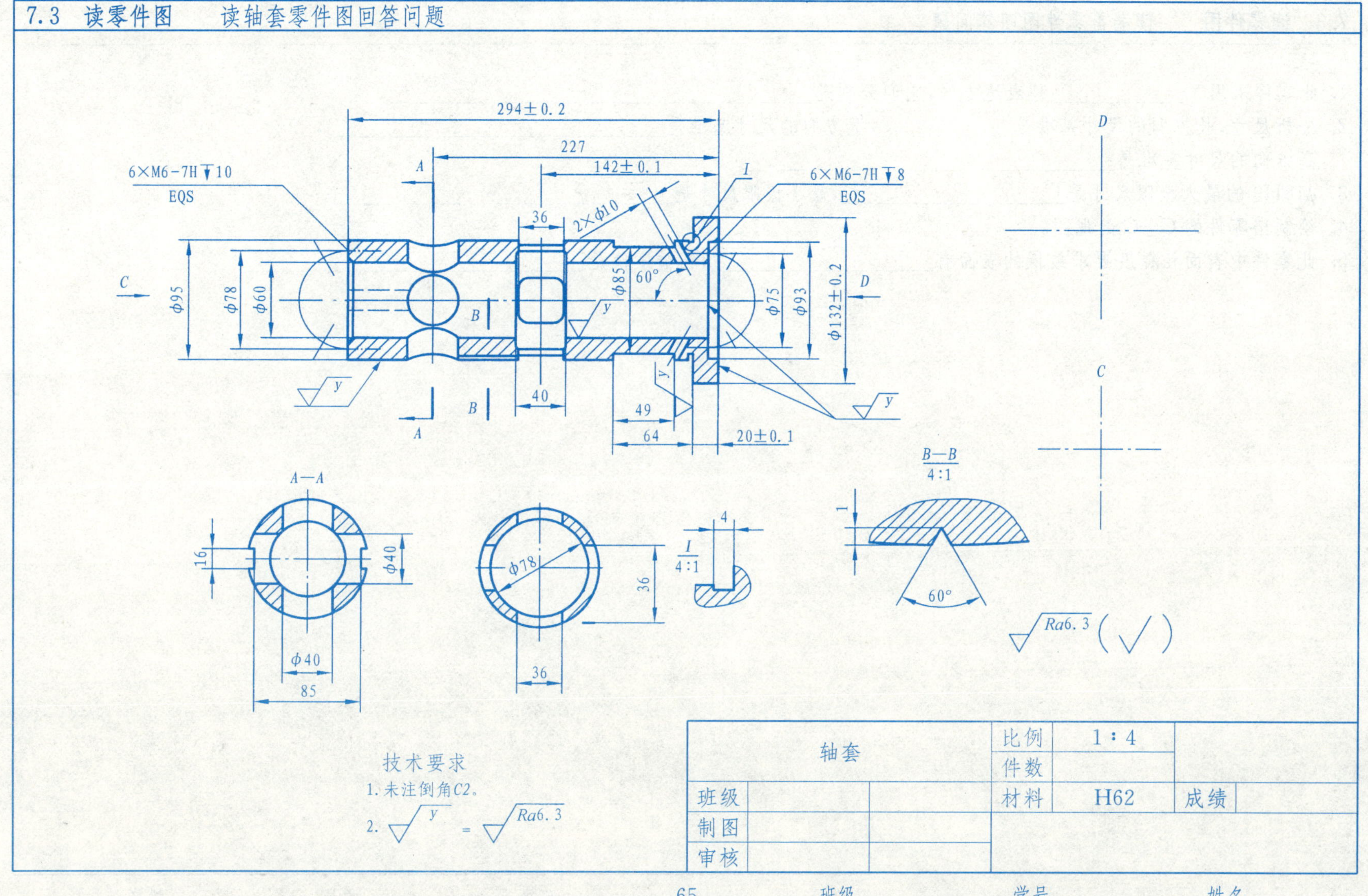

7.3 读零件图　　读端盖零件图回答问题

1. 此零件采用了____________种表达方法，它们分别是____。
2. 分析尺寸，长方向的尺寸基准是____________，宽方向的尺寸基准是________________________________，
高方向的尺寸基准是________________________________。
3. ϕ18H9 的最大极限尺寸是____________________，最小极限尺寸是________________________________。
4. 绘制出零件的 C—C 剖视图。
5. 此零件中表面粗糙度要求最低的表面有____________________，粗糙度值是________________________________。

7.3 读零件图　　读端盖零件图回答问题

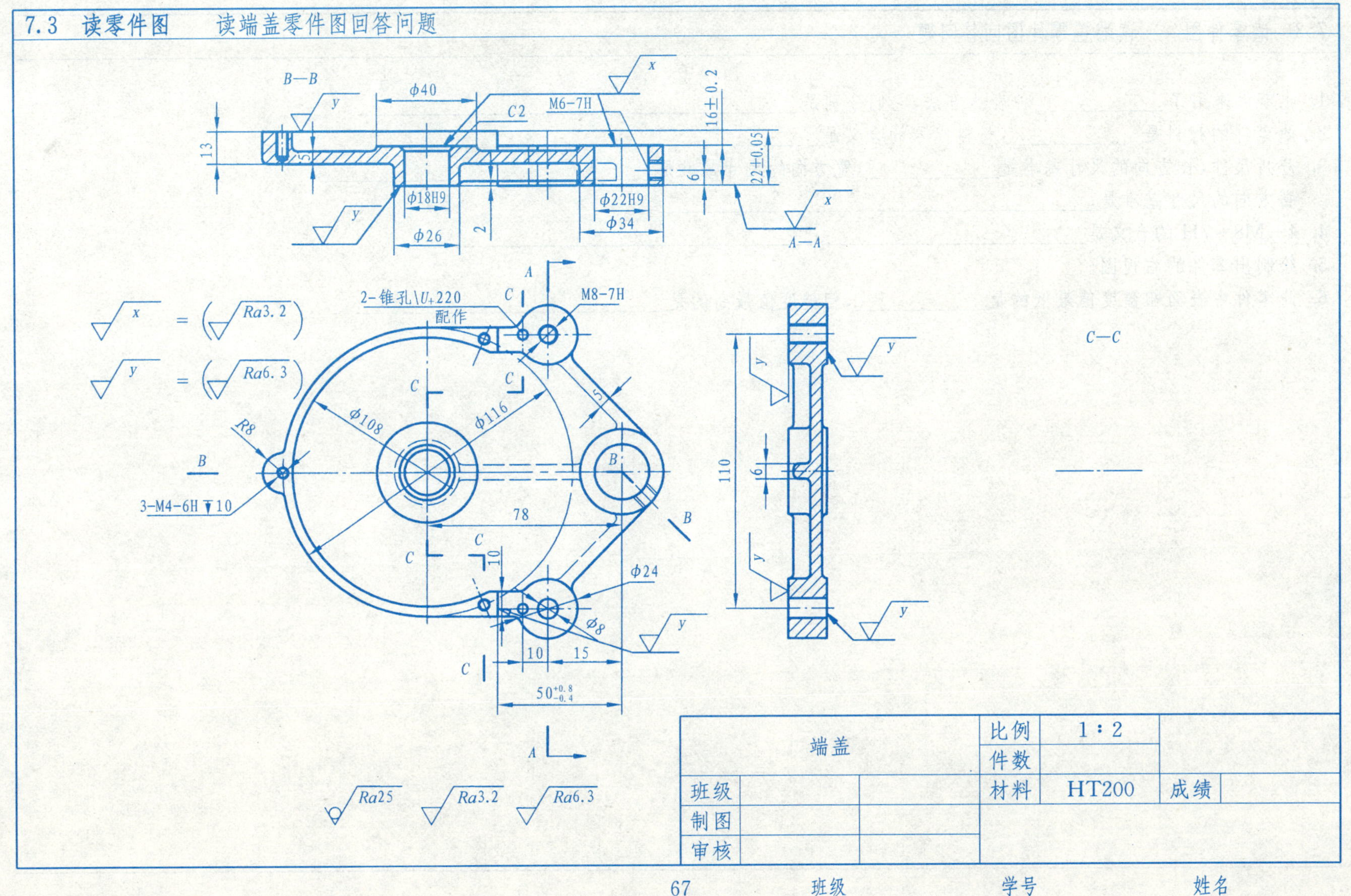

端盖			比例	1∶2	
			件数		
班级			材料	HT200	成绩
制图					
审核					

7.3 读零件图　读端盖零件图回答问题

1. 此零件采用了__________种表达方法，它们分别是______________________________。
2. 此零件的材料是__________，材料代号的含义是______________________________。
3. 分析尺寸，长方向的尺寸基准是__________，宽方向的尺寸基准是____________________，高方向的尺寸基准是______________________________。
4. 4—M8—7H 的含义是____。
5. 绘制出零件的右视图。
6. 此零件中表面粗糙度值最低的是__________，粗糙度值最高的是____________________。

7.3 读零件图　　读端盖零件图回答问题

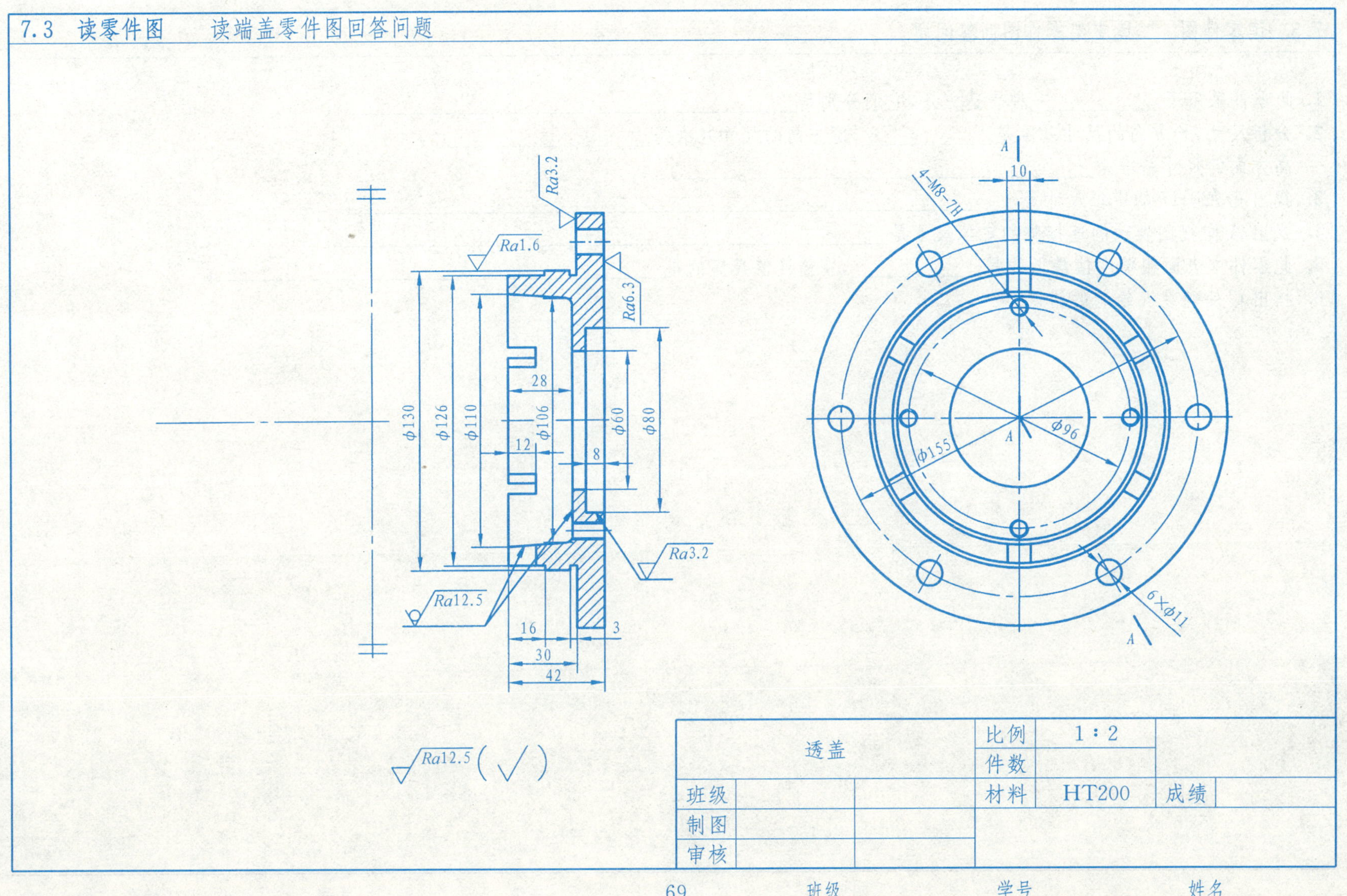

7.3 **读零件图** 读支架零件图回答问题

1. 此零件采用了__________种表达方法，它们分别是______________________________。
2. 分析尺寸，长方向的尺寸基准是__________，宽方向的尺寸基准是________________，
   高方向的尺寸基准是______________________________。
3. 找出孔 ϕ20H7 的定位尺寸是______________________________。
4. 找出 A 向视图表达的连接脚的定位尺寸是______________________________。
5. 此零件中表面粗糙度值最低的是__________，粗糙度值最高的是______________________________。
6. 指出 C 处螺纹孔绘制的错误。

7.3 读零件图　　读支架零件图回答问题

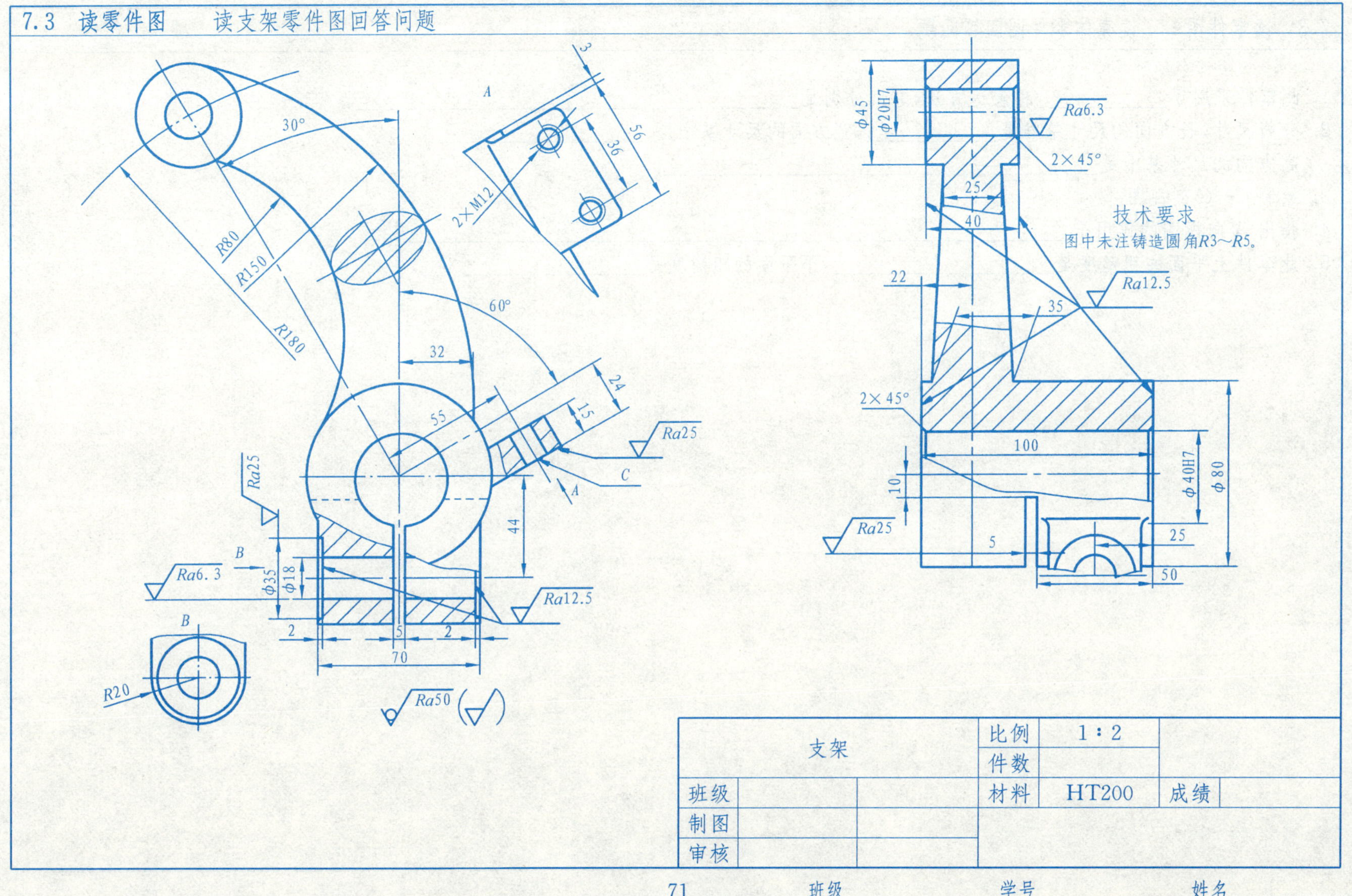

支架			比例	1∶2	
			件数		
班级			材料	HT200	成绩
制图					
审核					

7.3 读零件图　　读壳体零件图回答问题

1. 此零件采用了__________种表达方法，它们分别是________________________________。
2. 分析尺寸，长方向的尺寸基准是__________，宽方向的尺寸基准是________________，高方向的尺寸基准是________________________________。
3. 绘制 C—C 剖视图。
4. 指出 A 向视图的作用是____。
5. 此零件上平面的粗糙度是________________，下平面的粗糙度是________________。

7.3 读零件图　读壳体零件图回答问题

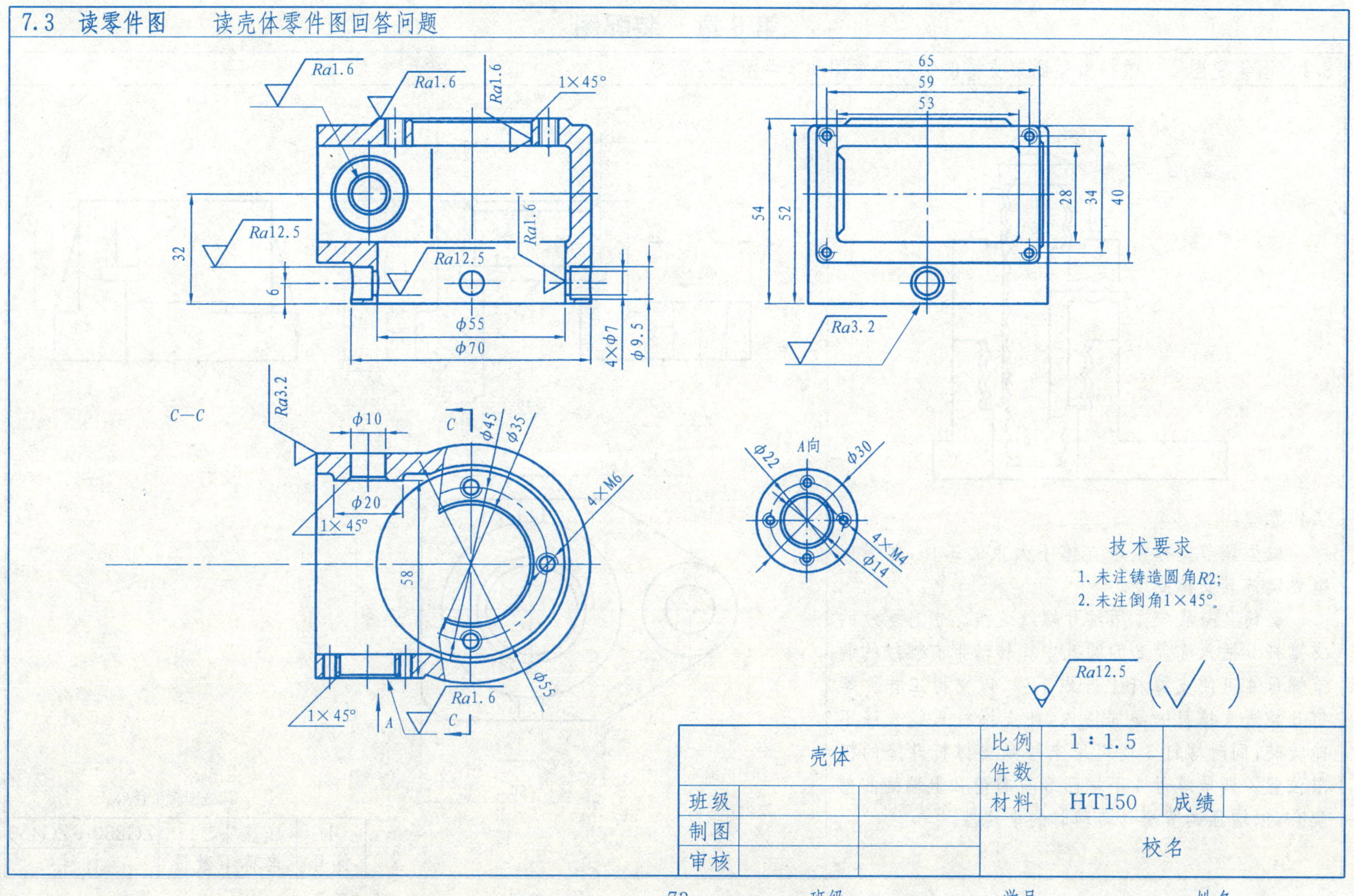

第8章 装配图

8.1 画装配图　　根据微型调节支撑的装配示意图和零件图画装配图

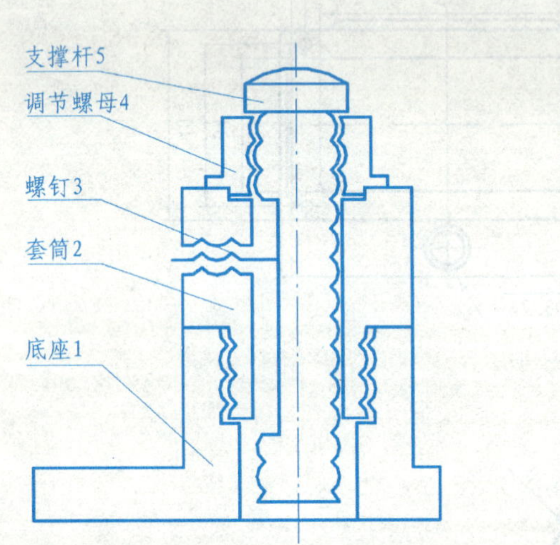

工作原理：

微型调节支撑用来支撑不太重的工件，并根据需要调节其支撑高度。

套筒2与底座1用细牙螺纹连接。带有螺纹的支撑杆5插入套筒2的圆孔中。转动带有螺纹的调节螺母4可使支撑杆上升或下降，以支撑工作。螺钉3旋进支撑杆的导向槽内，使支撑杆只能升降不能旋转；同时螺钉3还可用来控制支撑杆升降的极限位置。调节螺母4下端凸缘与套筒2上端的凹槽配合，以增强调节螺母转动时的平稳性。

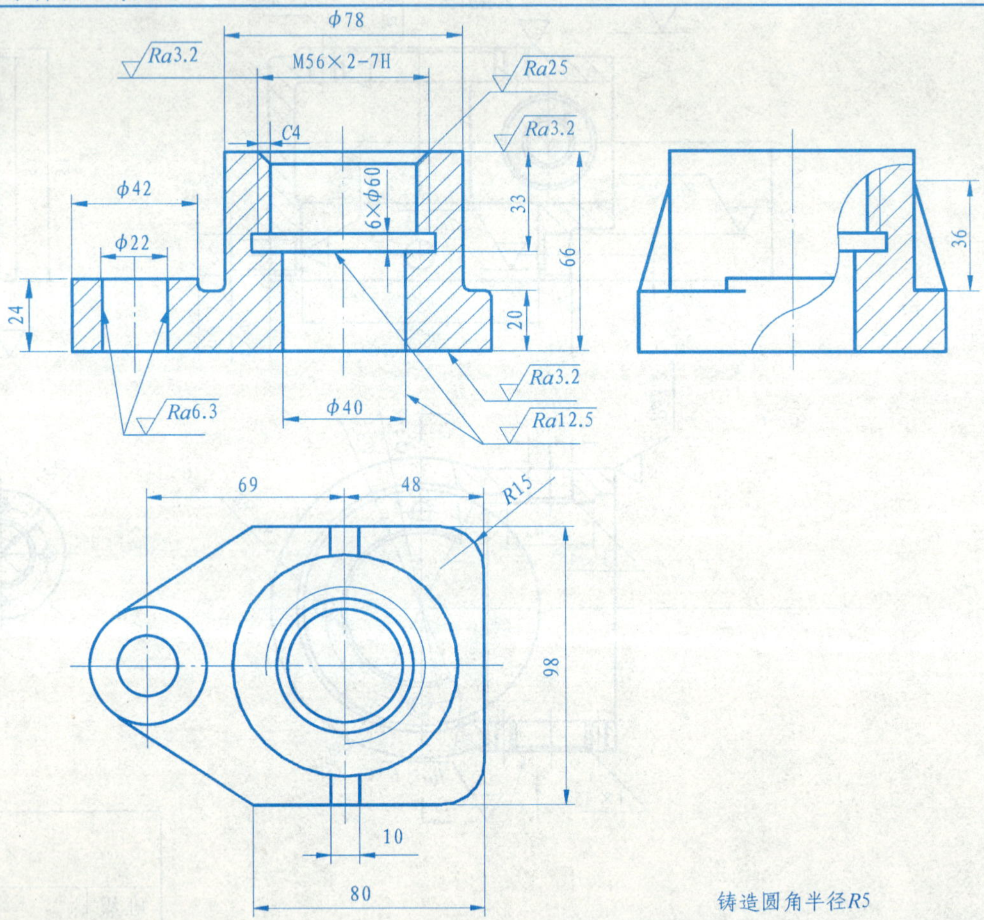

铸造圆角半径$R5$

1	底座	1	ZG230—ZG450
件号	名称	数量	材料

8.1 画装配图　根据微型调节支撑的装配示意图和零件图画装配图

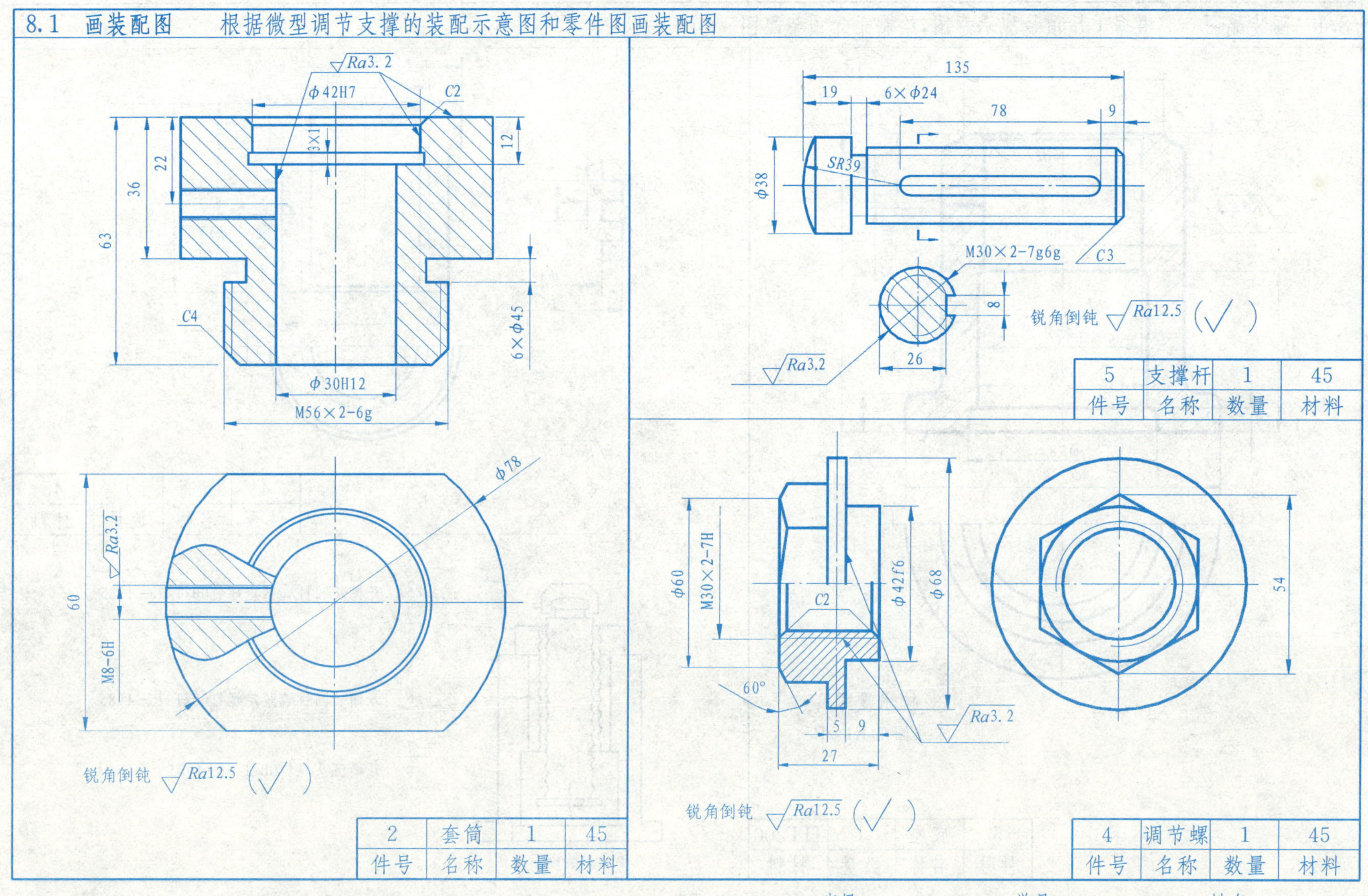

2	套筒	1	45
件号	名称	数量	材料

5	支撑杆	1	45
件号	名称	数量	材料

4	调节螺	1	45
件号	名称	数量	材料

8.1 画装配图　　根据千斤顶装配示意图，绘制千斤顶装配图

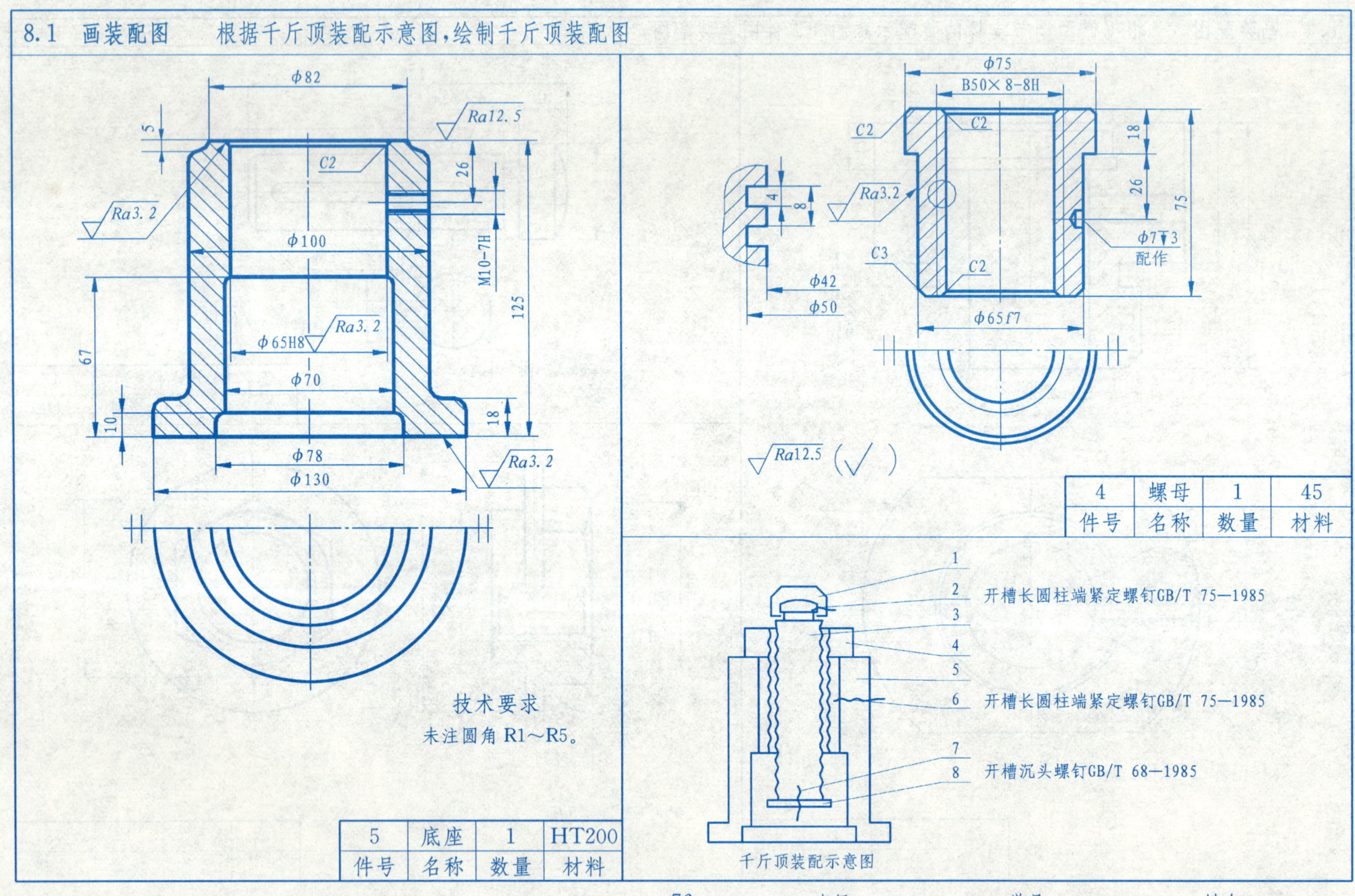

5	底座	1	HT200
件号	名称	数量	材料

4	螺母	1	45
件号	名称	数量	材料

　班级　　学号　　姓名

8.1 画装配图　　根据千斤顶装配示意图，绘制千斤顶装配图

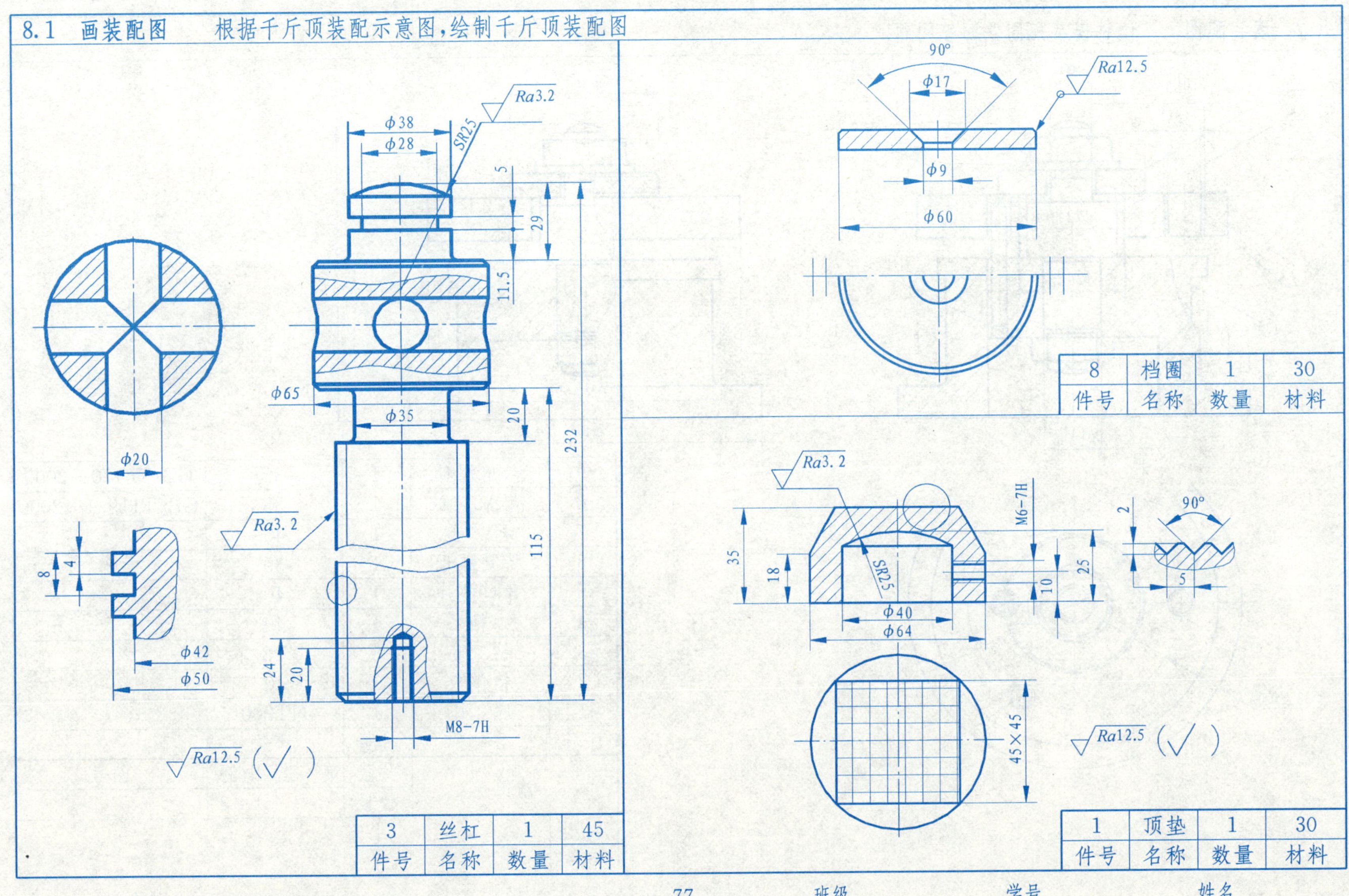

3	丝杠	1	45
件号	名称	数量	材料

8	档圈	1	30
件号	名称	数量	材料

1	顶垫	1	30
件号	名称	数量	材料

8.2 读装配图　　读钻模装配图并回答问题

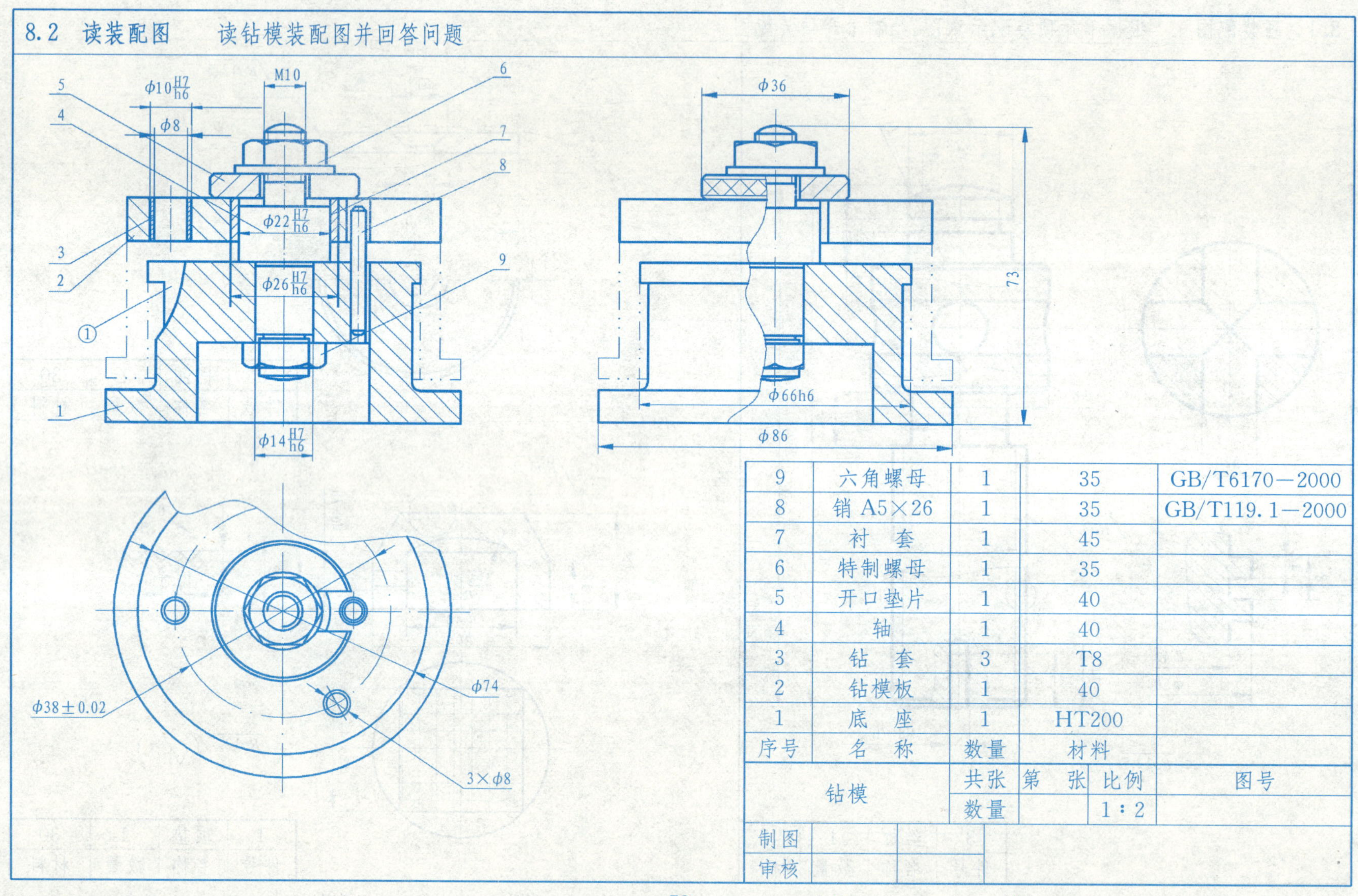

9	六角螺母	1	35	GB/T6170—2000
8	销 A5×26	1	35	GB/T119.1—2000
7	衬　套	1	45	
6	特制螺母	1	35	
5	开口垫片	1	40	
4	轴	1	40	
3	钻　套	3	T8	
2	钻模板	1	40	
1	底　座	1	HT200	
序号	名　称	数量	材料	

钻模	共张	第　张	比例	图号
	数量		1∶2	
制图				
审核				

　班级　学号　姓名

8.2 读装配图　　读钻模装配图并回答问题

钻模是用于加工工件的夹具。把工件放在件 1 底座上，装上件 2 钻模板，钻模板通过件 8 圆柱销定位后，再放置件 5 开口垫圈，并用件 6 特制螺母压紧，钻头通过件 3 钻套的内孔，准确地在工件上钻孔。

(1) 在主视图和左视图中有用点划线画的图形，这属于________画法，画的是________。

(2) 图中①所指的部位有________处，其作用是________。

(3) 工件上共钻________个孔，孔的直径是________。

(4) 件 3 与件 7 的作用是________。

(5) 图中 ϕ86，73 是________尺寸。

(6) 件 4 与件 7 属于________配合。

(7) 右方空白处，画出 2 号件的俯视图(尺寸从装配图中量取)。

(8) 5 号件的正确视图的代号(见下图)是________。

(9) 要取下加工工件，请按拆卸顺序写出零件代号____________。

(a)

(b)

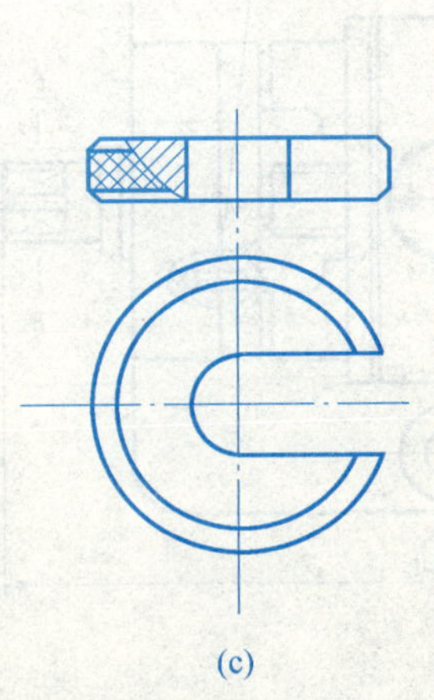
(c)

8.2 读装配图　读机用虎钳装配图并回答问题

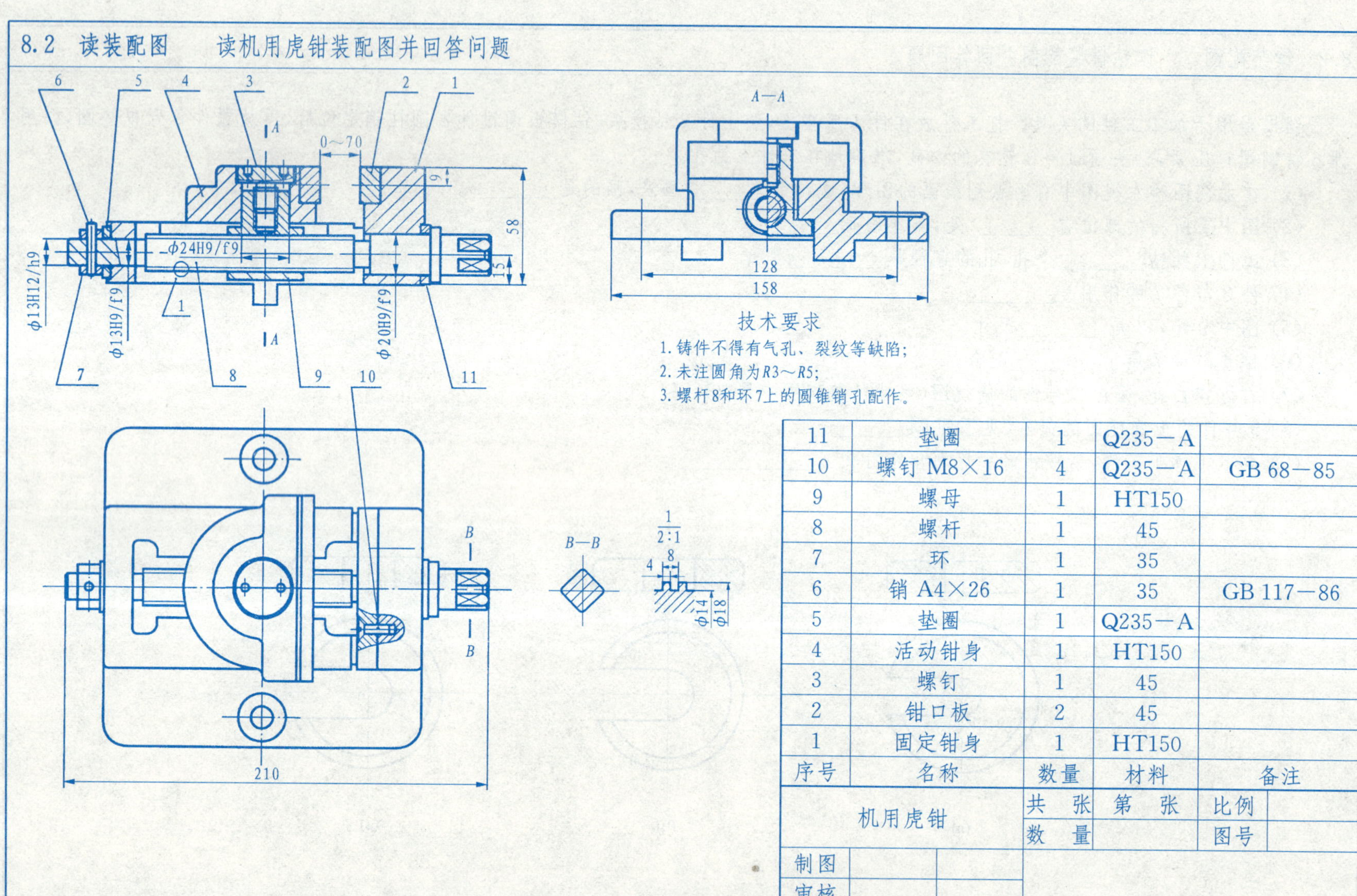

序号	名称	数量	材料	备注
11	垫圈	1	Q235—A	
10	螺钉 M8×16	4	Q235—A	GB 68—85
9	螺母	1	HT150	
8	螺杆	1	45	
7	环	1	35	
6	销 A4×26	1	35	GB 117—86
5	垫圈	1	Q235—A	
4	活动钳身	1	HT150	
3	螺钉	1	45	
2	钳口板	2	45	
1	固定钳身	1	HT150	

机用虎钳	共　张	第　张	比例	
	数　量		图号	
制图				
审核				

班级　　学号　　姓名

8.2 读装配图　　读机用虎钳装配图并回答问题

1. 简述机用虎钳的工作原理：

2. 简述机用虎钳零件间连接关系：

3. 简述机用虎钳的拆卸顺序：

8.2 读装配图　　看懂阀的装配图，在计算机上拆画阀体的零件图（或在 A3 图纸上拆画阀体零件图）

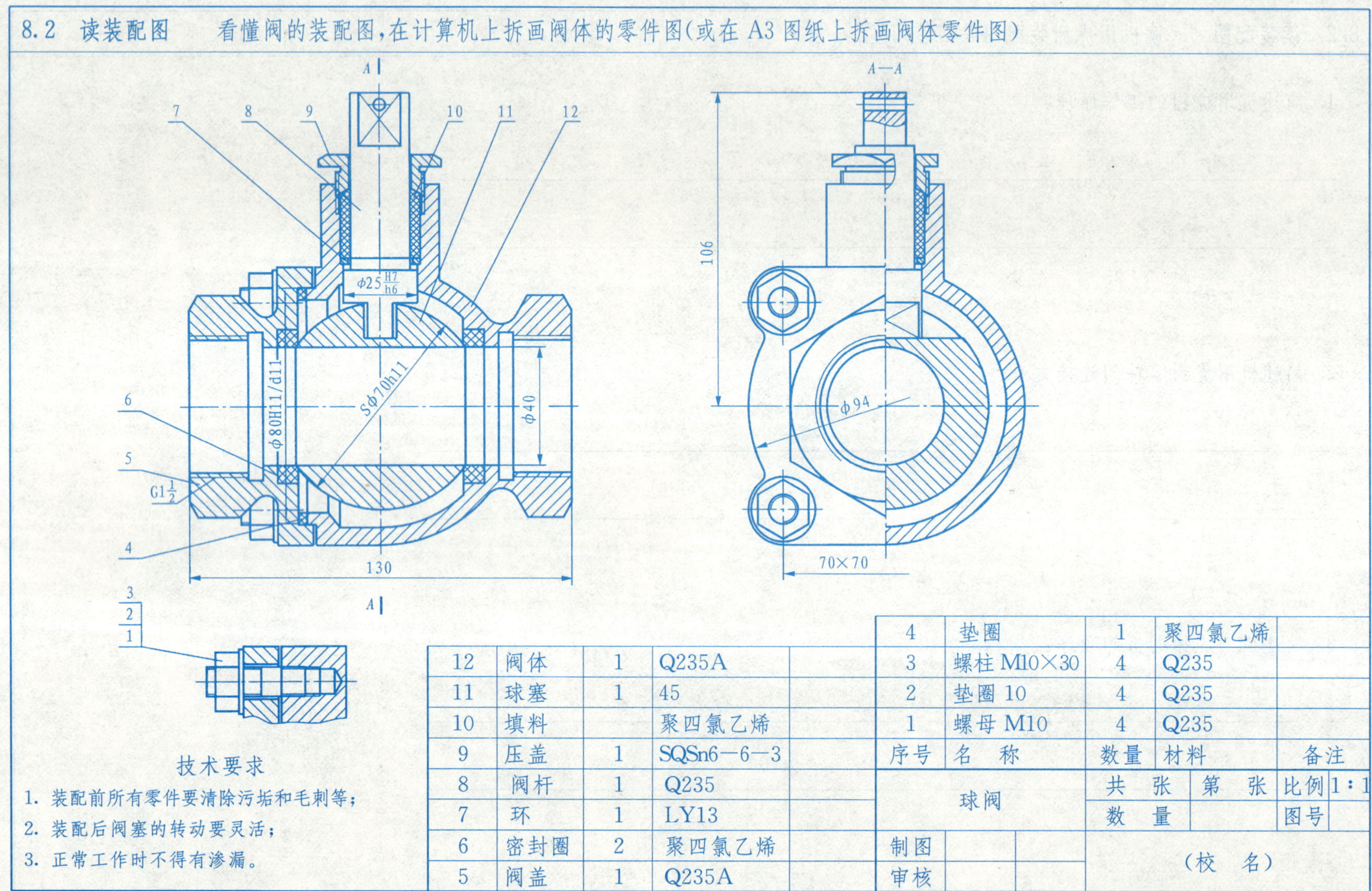

技术要求

1. 装配前所有零件要清除污垢和毛刺等；
2. 装配后阀塞的转动要灵活；
3. 正常工作时不得有渗漏。

序号	名　称	数量	材料	备注
12	阀体	1	Q235A	
11	球塞	1	45	
10	填料		聚四氯乙烯	
9	压盖	1	SQSn6—6—3	
8	阀杆	1	Q235	
7	环	1	LY13	
6	密封圈	2	聚四氯乙烯	
5	阀盖	1	Q235A	
4	垫圈	1	聚四氯乙烯	
3	螺柱 M10×30	4	Q235	
2	垫圈 10	4	Q235	
1	螺母 M10	4	Q235	

球阀		共　张	第　张	比例	1：1
		数　量		图号	
制图		（校　名）			
审核					

　　班级　　　　学号　　　　姓名

第 9 章　AutoCAD 实操

9.1　零件图的绘制

1.

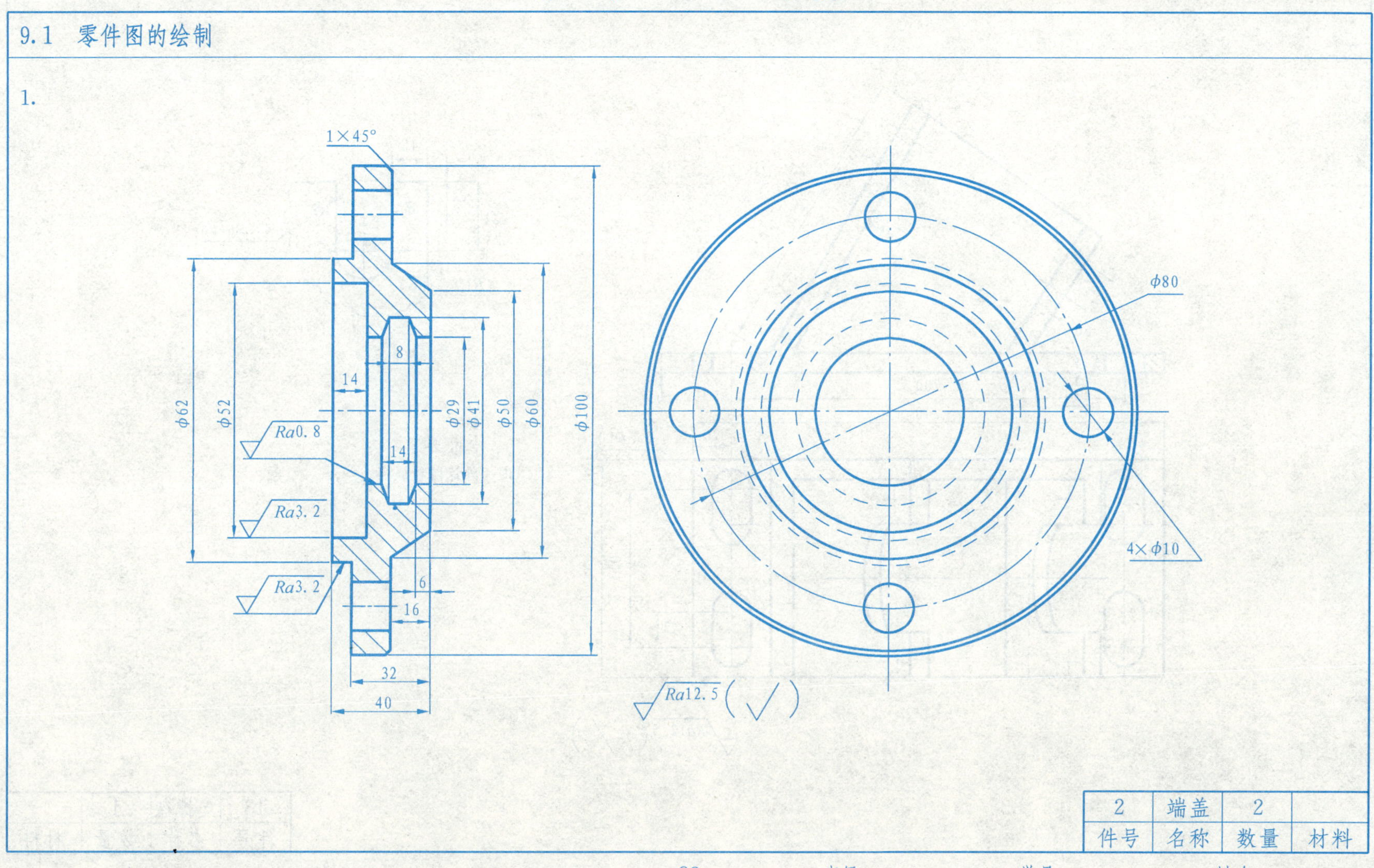

2	端盖	2	
件号	名称	数量	材料

　班级　　学号　　姓名

2.

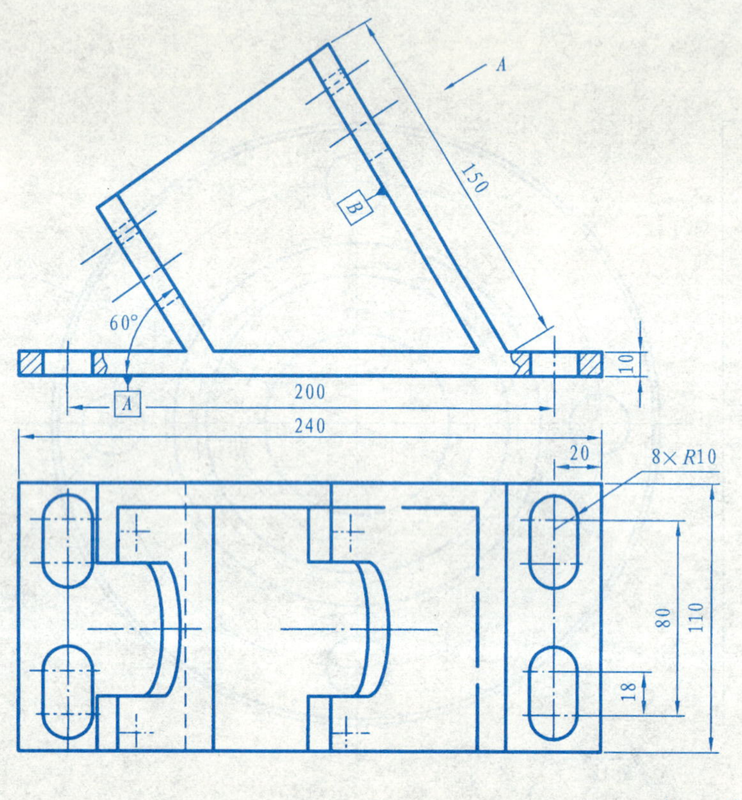

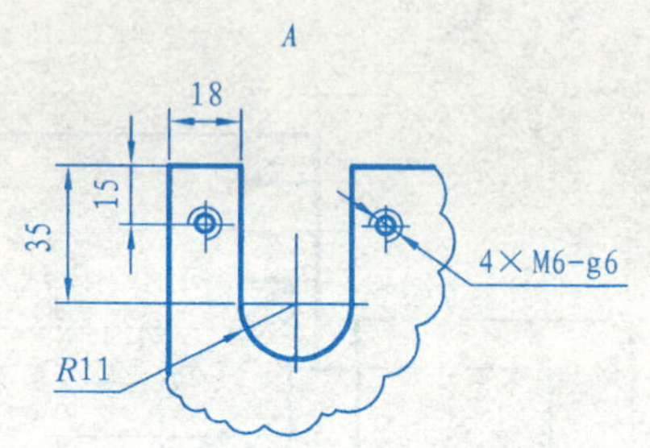

技术要求

内、外涂防锈底漆。

$\sqrt{Ra12.5}$ ($\sqrt{}$)

13	支撑架	1	
件号	名称	数量	材料

3.

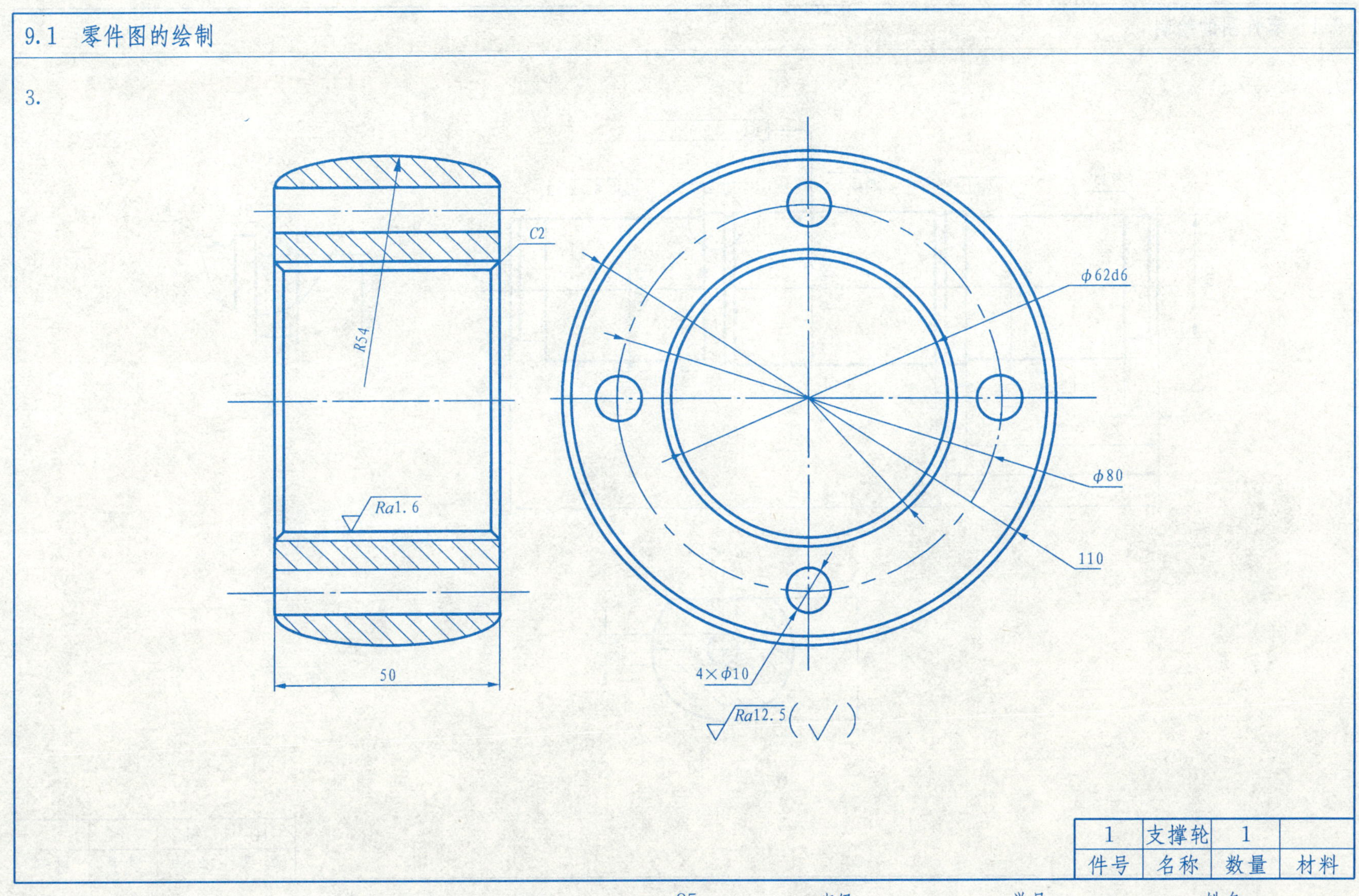

1	支撑轮	1	
件号	名称	数量	材料

 班级 学号 姓名

4.

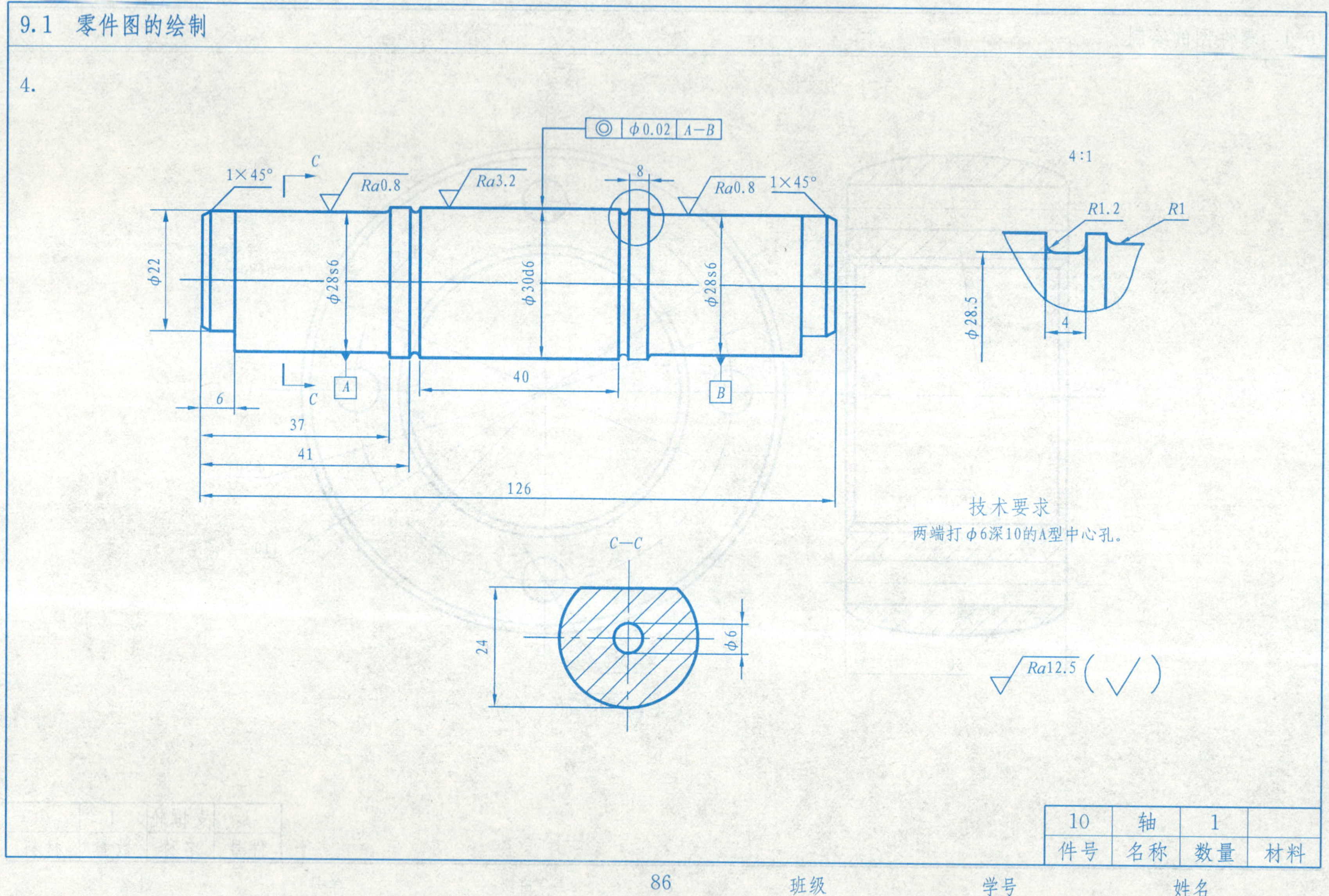

10	轴	1	
件号	名称	数量	材料

班级　　学号　　姓名

9.2 装配图的画法　　根据9.1零件图1、2、3、4绘制如下装配图

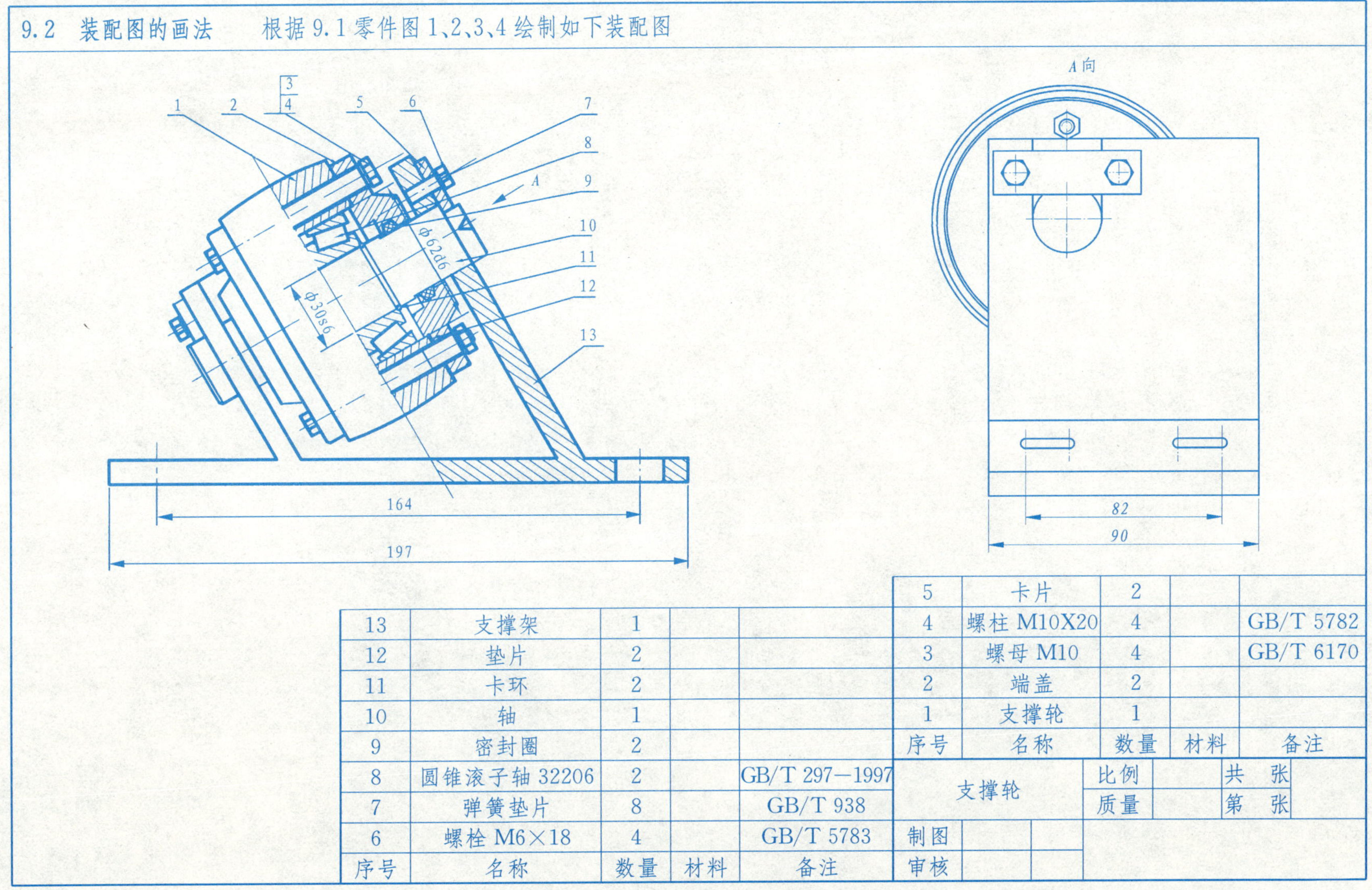

序号	名称	数量	材料	备注
13	支撑架	1		
12	垫片	2		
11	卡环	2		
10	轴	1		
9	密封圈	2		
8	圆锥滚子轴 32206	2		GB/T 297—1997
7	弹簧垫片	8		GB/T 938
6	螺栓 M6×18	4		GB/T 5783
5	卡片	2		
4	螺柱 M10X20	4		GB/T 5782
3	螺母 M10	4		GB/T 6170
2	端盖	2		
1	支撑轮	1		

支撑轮		比例		共　张
		质量		第　张
制图				
审核